U0125481

停下吧，焦虑

摆脱七大负面思维模式

［美］林恩·莱昂斯
（Lynn Lyons）
著

杨菲
译

机械工业出版社
CHINA MACHINE PRESS

本书结合了作者 30 年的治疗师实践经验和丰富的心理学、脑科学研究成果，概述了焦虑的七大负面思维模式，包括重复性消极思维、灾难化思维、绝对化思维、孤立与割裂、混乱和忙碌、易怒及责备等。本书将重新训练你的思考和反应方式，帮助你认识到这些焦虑模式和焦虑循环是如何潜伏在你的生活之中的。围绕着"简单化""去神秘化""连接"的三大核心原则，你可以从微小的调整入手，消除日常生活中常见的焦虑烦恼，恢复情绪健康，重获信心和活力。

北京市版权局著作权合同登记　图字：01-2023-2658 号。

图书在版编目（CIP）数据

停下吧，焦虑：摆脱七大负面思维模式 /（美）林恩·莱昂斯（Lynn Lyons）著；杨菲译. — 北京：机械工业出版社，2023.10
书名原文：The Anxiety Audit
ISBN 978-7-111-74088-9

Ⅰ.①停… Ⅱ.①林… ②杨… Ⅲ.①焦虑—心理调节—通俗读物 Ⅳ.①B842.6-49

中国国家版本馆CIP数据核字（2023）第198629号

机械工业出版社（北京市百万庄大街22号 邮政编码100037）
策划编辑：廖 岩　　　　责任编辑：廖 岩 坚喜斌
责任校对：龚思文 陈 越　责任印制：郜 敏
北京瑞禾彩色印刷有限公司印刷
2024年1月第1版第1次印刷
145mm×210mm·7.25印张·1插页·142千字
标准书号：ISBN 978-7-111-74088-9
定价：59.00元

电话服务　　　　　　　　网络服务
客服电话：010-88361066　机 工 官 网：www.cmpbook.com
　　　　　010-88379833　机 工 官 博：weibo.com/cmp1952
　　　　　010-68326294　金 书 网：www.golden-book.com
封底无防伪标均为盗版　机工教育服务网：www.cmpedu.com

对本书的赞誉

"偶尔会有一本书，令你读完后思维方式立刻改变，行为举止也变得更好。《停下吧，焦虑》就是这么一本书。我保证你会爱不释手，并将以截然不同的方式度过新的一天。把这本书买回去，它将引导你成为你渴望成为的那个人。"

——雷切尔·西蒙斯（Rachel Simmons），
畅销书《女孩们的地下战争》（*Odd Girl Out*）和
《女孩，你真的够好了！》（*Enough As She Is*）的作者

"当今充满不确定性的世界已经造成了焦虑大爆发！《停下吧，焦虑》告诉我们如何不让我们的生活被焦虑所控制。林恩·莱昂斯提出的切合实际的建议为我们提供了简单的解决方案，帮助我们认识到是什么让情况变得更糟，或者变得更好，该如何调节我们忙碌的生活和重要的人际关系。我保证你每读一页都会有茅塞顿开的感觉。"

——琼·伦登（Joan Lunden），
记者、畅销书作者

"林恩·莱昂斯是焦虑领域的专家，也是经验丰富的治疗师，但她和我们一样谈论焦虑。《停下吧，焦虑》是一本故事丰富、建议幽默的书，它将帮助我们度过忙碌的日子，应对世界的不可预测性，

改善我们最重要的人际关系。林恩告诉我们，焦虑是人的一部分，但它并不是全部。"

——劳拉·莫顿（Laura Morton），

《纽约时报》畅销书作者，纪录片《焦虑国度》制作人

"在《停下吧，焦虑》这本书中，林恩·莱昂斯以一种明智而直接的方式提供了具有启发性的案例和实用的建议。她为你提供了获得解脱和灵感的方法。林恩明确表示，我们的目标不是治愈焦虑；我们的目标是巧妙地化解焦虑。读一读吧，享受它，从中学习，亲自发现这种觉察是如何为个人带来巨大收益的！"

——迈克尔·亚普科（Michael Yapko）博士，

临床心理学家，《打破抑郁模式》（*Breaking the Patterns of Depression*）

和《抑郁会传染》（*Depression is Contagious*）的作者

"《停下吧，焦虑》中最好的礼物是：你不会陷入那些关于转变的细枝末节中。你可以相信，林恩知道——她确实知道——如何对你的想法进行七个简单的转变，就能让你从焦虑中解脱出来。哦，至于你这辈子听过的那些所谓的'明智建议'？她都一一揭穿了。"

——里德·威尔逊（Reid Wilson）博士，

anxieties.com 创始人

献给 Zed、Brackett、Brice、Cole、Pearl、Greta、Kate 和 Thomas

希望我们的下一代的生活中

充满丰富而又令人欢欣的人际关系

感谢 Michael Yapko，他引领我成为一名临床医生，这本书中的每一页都潜藏着他对我的影响。

序

规则改变者——人们这样描述林恩·莱昂斯，林恩给那些与各种焦虑做斗争的人提供建议和方法。我当然也知道，因为她改变了我为人父母和为人处世的方式。

新冠疫情刚暴发时，大多数人都被困在家里。在疫情压力和日常挣扎中，许多人在努力发掘生活中积极美好的一面，意识到家里有一位专业厨师或面包师是多么幸运。我很幸运，有一位焦虑症专家为我服务——林恩·莱昂斯，一位受人尊敬的心理治疗师，也是一位母亲、一名教育者，而她恰好是我的嫂子（也是我的孩子出生时的助产师）。

林恩和我发现，因为疫情，人们的焦虑水平有所上升，一波又一波的不确定性让我们的焦虑值达到顶峰。我们决定推出一个名为"Flusterclux"的播客，与尽可能多的家庭分享林恩的建议和方法。

多年来，在不同的主题演讲和研讨会上，林恩与专业人士和诸多家庭分享了她那些足以改变生活的智慧，也在我们一起用餐时与我慷慨分享。她教会了我为人父母应该关注什么，在焦虑产生之前就要主动出击。我当时并没有意识到，就如何帮助那些有焦虑孩子的家庭而言，我对她的工作理解得过于简单。

在系列播客节目的制作过程中，我从林恩身上学到了一些我自己都不知道会用上的宝贵技能。刚翻开这本书，你可能会以为你知道什么是焦虑，但林恩会向你展示焦虑如何驱动你和你的家人的行为，撒下一张比你意识到的更大的网。发现焦虑的"藏身之处"，感觉就像一个神奇的人类行为解码过程。

《停下吧，焦虑》打破了常见的模式。林恩以尽可能多的幽默和尽可能少的心理术语来剖析每一个人。这些模式随处可见，去学习并识别它们，这样当你自己深陷其中，或者你的家人和同事迷失的时候，你就知道是怎么回事了。相信我，你会有很多的练习机会。

当你熟悉了自己的焦虑模式时，魔法就出现了。

林恩提供了一种更好的回应方式。她教你如何打断焦虑。练习得越多，你就越容易做到。

比如，我的焦虑模式是"灾难化"，了解了关于我自己的信息，我就可以意识到我刻意做的改变。作为一个"灾难论"者，焦虑经常让我脑海里反复上演着最糟糕的电影。

练习之后，我开始提醒自己，哦，天哪！别慌，你这是在小题大做！随着时间的推移，我开始不带主观感情或评判地接纳我的模式。嘿，你好！焦虑电影。我发现你了。最后，我学会了在焦虑电影放映时按下暂停键，然后简单地说：

"焦虑，我厌倦了那些桥段，我都能猜到是什么。打住吧！"

林恩解释了为什么不能将目标设定为消除焦虑。你永远没法停止焦虑，就像你永远不会停止生气或悲伤一样。因此，对我们的反应进行管理才是最有效的方法，避免我们的家庭被焦虑控制。而且，管理这些情绪反应的技能很容易运用于更广泛的领域。你为缓解焦虑所做的努力在应对其他棘手的感觉时也有用。

你可能认为你了解自己和焦虑的关系，但是林恩用不同的方式进行了解释。焦虑是一个囊括了很多情绪的术语。敞开心扉，接受新观点，它会给喜欢隐藏在黑暗中的那部分你带来柳暗花明的感觉。在这本书中，你将看到"挣扎"是多么的常见。但让我们欣慰的是，每个人都在全力以赴。

当你觉得焦虑时，所有的交谈都无法让你建立真切的连接和社交关系。从焦虑中解脱，才能为更深层次的连接腾出空间，并收获生机勃勃的成果。

这是一项终身事业。并非只要读一遍、听一遍或练习一遍，我们就不会再有任何焦虑。这是一份持久而有价值的工作，如果你们一家人能一起参与，敞开心扉的话，那么每一个人都将是获胜者。

——罗宾·赫特森（Robin Hutson），
Flusterclux 播客主持人

前　言

　　我爱分享故事。在和家人聊天、演讲和培训时，我都会讲故事。我的儿子小的时候，故事是我们亲子养育的重要组成部分。这本书里有大量的故事：有我作为治疗师从业 30 年来所经历的事，有我本人的焦虑体验，还有我四处搜集的故事，因为其他人的话语和故事往往能传达我想表达的东西，而且传达得更好。

　　所以我将以三个故事作为这本书的开始。

　　第一个故事发生于 1993 年。当时的我是一名刚获得执照的社工，在一家小型心理健康机构担任治疗师。那年春天，我和几个同事一起去参加一场大型心理治疗会议。短短几天内，至少有 100 个不同主题的研讨会：抑郁症、人格障碍、创伤；艺术疗法、游戏疗法、声音疗法、性疗法。刚开始我很兴奋，但当我从一个研讨会转场到另一个研讨会时，我发现自己越来越笨。我听不懂他们使用的那些术语，也不了解他们讨论的方法。我怎么可能学会这些五花八门的诊断方法呢？为什么我在研究生院没有学过这些东西？这些专家到底说的是什么语言？我一无所知！我带着深深的恐惧离

去，不知所措。

第二个故事比第一个故事还要早 15 年，那是 1978 年，发生在一所中学，我是韦伯初中七年级的学生，坐在教室里和同学们一起参加标准化测试。如果测试提前结束，我们就可以拿本书去读。我带的是迈克尔·克莱顿（Michael Crichton）1969 年出版的小说《天外来菌》（*The Andromeda Strain*）。我已经不太记得这本书的内容了，但我记得有一段话生动地描述了一个人是如何摔破鼻子的。我的家族有晕厥史，我患有神经性晕厥。骨头的碎裂让我崩溃。当我读到关于鼻子破裂和血流不止的文字时，我的耳朵开始嗡嗡响。我开始感到燥热、恶心。我什么也没说，从座位上起身，匆匆奔向卫生间，而我的视线越来越模糊。我知道我得在摔倒之前赶紧趴下。当我恢复意识时，我的脸颊正贴在卫生间冰冷的地砖上，感觉很舒服。我在那儿趴了几分钟，颤抖着回到教室，脸色苍白，什么也没说。我知道是什么诱发了这一切——这并不陌生——但除此之外我知之甚少。我很高兴没有人发现这件事，我成功地应对了这次危机，丝毫没有被人察觉。

直到几十年后，我才知道"血管迷走神经性晕厥"这个术语，这个短语用来描述由血压急剧下降引起的昏厥，通常是由于人看到血或其他损伤引起的。我知道我的父亲和兄弟姐妹也有同样的经历，但我们不知道该怎么办。如果不能成功地避开诱发因素，我们就会经常被我们的想象和反应"伏击"。我现在好多了，在过去的 23 年里，我晕倒过三次。但在我 20 多岁的时候，这是一个令人尴尬的秘密。当时的我毫无防备能力。

第三个故事发生于 2018 年。我带父母去看弗雷德·罗杰斯（Fred Rogers）的新纪录片《与我为邻》（*Won't You Be My Neighbor?*）。我惊呆了。罗杰斯先生陪伴着我长大，为我解释了很多无法解释的事物。作为一个成年人，我对他的能力、他对孩子们的理解以及他温和持续地对成年人生活的挑战方式感到敬畏。在影片的结尾，有一段罗杰斯先生的演讲。就像他在演讲结束时经常做的那样，他邀请观众花整整一分钟，向那些"让我们微笑的笑容，让我们前行的引领……让我们相爱的爱"致敬。

"让我们花点时间想想那些特别的人。"他说。我哭了起来，不是流了一点点眼泪，而是完全无法抑制地抽泣。我坐在父母中间，心里豁然开朗，感觉自己如此年轻，势不可当，就像小时候哭泣一样。我第一次听到他的声音和那些信息是在我三岁的时候，但显然我当时并没有理解这些信息，也没有理解他。再次听到这种有连接能力的话语，感觉太震憾了。2018 年，我们的世界变得艰难、愤怒、割裂。我们无所适从。

这三个故事概括了我写这本书的原因，以及关于焦虑、担心和压力，我想让你们知道的一切。这些可以凝练为三个词，都体现在我分享的故事里。让我来一一解释吧。

第一个词：简单化

第一个故事是个警告，警告我不要把不需要复杂化的事情复杂化。焦虑并不复杂，但如果你想让它复杂，那么它就会疯狂蔓延。我现在明白了，我也希望你能明白。那个周末，那场令人不知所措的会议过去了 30 年，我也告别了新手的恐惧，现在的我有了新的认识（我承认现在还是时常会烦恼），那就是心理健康领域其实没必要那么复杂。和其他领域一样，它也有自己的趋势、术语，它恪守的原则、创造力和竞争力。当然，这有好有坏。我见过许多新的诊断或治疗方法，它们承载着巨大的承诺和合理的希望。有些已经明显改变了我们对人类的理解，例如，童年创伤带来的影响。有的方法被摒弃或逐渐消失；有的已经造成了伤害。我坚信，把焦虑复杂化必然会带来伤害。随着我对焦虑的研究、观察和体验越来越多，它反而变得简单了。与 1993 年时的我不同，我不再觉得有必要厘清心理健康领域那些五花八门的术语。相反，我的工作是把我的来访者从混乱中拉出来。

我写这本书的主要目的是为焦虑和担忧提供一种不那

么病态的体验和阐释，重新思考那些在危机中贴上的复杂标签，那些标签如此泛滥，却无济于事。我们的目标是简化。我会解释我们每天学习和练习的那些焦虑模式是如何随着时间的推移而强化，让你的生活变得更艰难的；我会告诉你现在就可以开始做一些调整。会很累吗？也许，但绝不复杂。

第二个词：去神秘化

　　焦虑可能并不复杂，但它很强大。在卫生间的地板（以及其他各个地方的地板）上丧失意识地趴了一段时间后，我得出结论：担心和焦虑确实会以各种夸张或微妙的方式让你筋疲力尽。我晕厥的故事就说明了缺乏了解是如何让人陷入困境、恐惧和过度反应中的。对大多数人来说，焦虑不是一种疾病，也不需要被视为疾病，但它的确会在某个时刻出现。这是很正常的。然而，很多人对焦虑的模式缺乏准确有用的认识，甚至不知道它为什么、以何种方式导致身体出现症状。焦虑很"狡猾"，它乐此不疲地把那些无关紧要的事情变成紧急事件。这就是焦虑的本质。我们不知道发生了什么，也不理解为什么变得更糟，于是我们开始因为我们所焦虑的事情而担心。我们因为感到焦虑而焦虑。我们本能地希望摆脱焦虑，于是我们开始犹豫，内心开始挣扎，开始寻求建议（向朋友、家人，甚至治疗师），这些让我们感觉更糟。

我们为了摆脱焦虑而做的事情实际上只会让我们更加焦虑。我把这个螺旋称为"行为失调"。相反，我们应该做的是去神秘化。

我写这本书的第二个目的是揭开焦虑的面纱，终止这种恶性循环。我想要的是"哦，我知道这个模式"，而不是"我到底怎么了"。当我最终了解到我的晕厥（血管迷走神经性晕厥）的来龙去脉时，我觉得自己像个超级英雄。我需要这些信息，但是这么多年，我甚至察觉不到这些信息的存在。我仍然偶尔会晕倒，但现在当症状出现时，我会知道发生了什么，我能够（几乎总是可以）打断这种模式，从混乱中脱身。我不再行为失调。信息揭开了焦虑的面纱，并改变了我们回应焦虑的方式。

第三个词：连接

焦虑切断了我们之间的连接，它不在乎我们是否关心我们所爱之人，是否做着我们喜欢做的事，是否以有意义的方式向世界贡献着我们的才能；它希望我们逃避，因为逃避能立竿见影地缓解压力；它寻求的是安全感、舒适感和确定性。焦虑会破坏我们的人际关系，因为它刻板，充满控制欲，而人际关系是混乱的、棘手的、情绪化的。焦虑阻碍了人与人之间的关系，当它让我们感到被指手画脚、不确定和无能为力时，我们开始羞怯、退缩。2018 年，我坐在那家电影院，罗杰斯先生提醒了我连接的价值。历经这么多之后，我认为我们现在最需要的就是连接。

尽管孤独的伤痛并非与新冠疫情结伴而来，但疫情放大了隔离的破坏性影响。说得委婉点，对许多人来说，过去的几年是分裂的、孤独的。在这本书中，我用了整整一章来讲述内心孤立的模式，但焦虑模式如何让我们与我们所爱的人、我们的生活，甚至我们自己脱节的故事会贯穿始终。分离会导致焦虑和抑郁，让我们困陷于自我。我最终的目标是用故事、策略和切实可行的步骤说服你，你并不孤单。用弗雷德·罗杰斯的话来说："我认为每个人都渴望被爱，渴望知道自己是值得被爱的。"

我们要让焦虑简单化、去神秘化，为连接腾出空间。

目 录

Contents

THE
ANXIETY
AUDIT

第一章

————

大脑没有关机键

负面思维:

重复性消极思维如何伪装成解

决问题的方式

Part 01

不想造成伤害就需要保持清醒。保持清醒的一部分要领在于慢下来，足够慢，关注我们的所言、所行。我们看着自己的情绪连锁反应，看得越多就越清楚它们是如何运作的，也越容易克制自己。它成了一种生活方式，保持清醒，慢下来，去关注它。

——佩玛·丘卓（Pema Chodron）

　　许多年前，一个名叫亚历克斯（Alex）的 10 岁男孩坐在我的办公室里，对我说："如果我们有时间机器，你就失业了。"他解释道，像他这样焦虑的孩子可以跳上机器，按下快进键，看看一切是如何发展的，然后再回到当下，他们因此摆脱了让人焦虑的不确定性。"我们也可以回到过去，重新安排规划，这样我们就不必一直想着我们会搞砸。我们就不需要你了。"

　　"你很聪明，很可能你说对了。"我告诉他。"但既然我们没有时间机器，我就还有工作。"我提醒他，我的工作就是教他如何管理大脑里的时间机器，那可是个忙碌而富有创造力的大脑，是想要飞到未来去寻找确定性再回到过去寻找答案和解释的大脑。

亚历克斯的表达异常清晰，但他的焦虑模式一点也不特别。事实上，我见过的每一个焦虑和抑郁的人，无论年龄大小，都意识到自己想得太多了。"我没法让大脑停下来。"他们说。或者，"我希望我能忘掉它，但我做不到。"有时候诱人的想法突然出现，"如果我再多思考一会儿，问题就解决了。"

所以，当我们开始辨别焦虑时，反刍和担忧的模式是最值得关注的。为什么？因为正如亚历克斯解释的那样，人类强大的大脑使我们恐惧地想象尚未发生的事情——即**担忧**——并执拗地回望已经发生的事情——即**反刍**。不管我们是否愿意，我们都在进行时光旅行，穿梭于过去、现在和未来之间。这是一个常见且有用的问题，但当我们痴迷地思考我们对未来的确定性或思考我们如何才能弥补过去的遗憾时，它就不那么有用了。我们想象着"如果"，无休止地权衡我们的选择，那些真实的选择，抑或想象中的选择。我们规划、预测未来，也回望过去，回到"要是……就好了"的老路上，反复思考着那些对话和决定，希望从头再来。

万一我搞砸了怎么办？

万一发生了可怕的事情怎么办？

如果我能在需要的时候准备好反击就好了。

如果我当初做了不一样的选择就好了。

为什么我当时没有注意到那些警示标志？

如果我们掌握了更多的信息，有更多的时间来规划，有机会再来一次，我们就可以防止一些事情的发生，就能解决问题。生活将变得可控，多一点顺畅，少一点痛苦。

不幸的是，这两种模式都无法提供我们所希望或期望的回报。事实上，反刍和担忧二者密切相关，通常被统称为"重复性消极思维"（RNT），也是导致焦虑和抑郁的重要风险因素。在对焦虑和情绪失调的不同路径进行研究时，研究人员发现重复性消极思维无处不在。

担忧和反刍的区别在于消极思维的方向，反刍专注于过去，而担忧则面向未来。可以这么说，你可能有一种倾向，而其他人则是摇摆不定的。根据我的经验，人们通常两者皆有，但也有一些"纯粹的"反刍者。无论我指的是反刍还是担忧，我所描述的大部分内容都适用于这两种模式。

对你的"精神反刍"抽丝剥茧

"反刍"的字面意思是反复咀嚼。山羊、绵羊、牛和鹿都属于反刍动物，也就是说它们会使半消化的食物从胃的第一个腔室（瘤胃）中回流出来再次咀嚼。这种做法有助于山羊消化粗食，但对你的情感、社交和职业幸福感没有太大帮助。我常说反刍之于生产力就像嚼口香糖之于吃蔬菜。嚼口香糖的时候，你看起来是在吃东西，有下颚运动、牙齿活动、吞咽动作，甚至有味道，但毫无营养价值。反刍者寻找的是对于已发生的事情的一些见解，或者是对于他们无法改变的事情的另一种观察方式。他们认为，如果能多思考一些，**就能产生一种新的理解，或者发现某个被忽视的细节**。但这种精神上的"嚼口香糖"并不能给你带来什么。反刍者往往专注于失去和遗憾。他们往往容易陷入自责和自我批评，有时还会对他人变本加厉地进行批判。

焦虑也包括反刍，但重点是在展望未来时寻找确定性，消除不适感。焦虑者会穿越到未来，并根据可能发生的事情编故事。他们陷入了"如果……会怎样"的想法中，大脑上演着关于未来的可怕桥段。这些桥段围绕着一些可怕的遭遇（**如果我的孩子被人带走了怎么办？**），或者一些他们觉得难以承受并无法处理的事情（**如果我搞砸了我的演讲怎么办？**）。他们想象着那些场景，开始焦虑，然后更多地把焦虑当作一种解决问题的方式。

焦虑者可能表面上看起来很好，照常做着他们需要做的事情，也完成得很好。也许他们很忙，很有成就，但那些最亲近他的人知道他在重复性消极思维上消耗了多少精力。严重的话，焦虑还会干扰身体机能，因为他们试图重新规划世界，避免出现他们假想的坏结果。或者，他们在努力避免某种情况或触发某些事情。

所有的大脑在某种程度上都是这样的，但有些大脑相比较而言更容易陷入这种思维方式。黏滞脑（确实是这么叫的）似乎是遗传的，就像脾气一样。当像黏滞脑这样的特征在你的家族出现时，你可能会同时受到家族遗传和强大的家庭模式的双重影响。然而，可遗传并不意味着不可改变，也不意味着它注定要控制你的生活。你反刍和担忧的质和量都很重要。你在重复性消极思维上耗费了多少时间？当这些想法出现时你是如何回应的？你如何看待这些想法？这都是造成差异的原因。让我们来谈谈重复性消极思维的注意事项，以及人们是如何不知不觉地让自己陷入棘手的思维中的。

我们如何陷入困境

人们总是试图挣脱那些阴魂不散的、烦人的消极想法，因而陷入困境。"这有什么不对吗？"你会问。摆脱这些烦人的想法听起来很合理，不是吗？不幸的是，这样的努力只会适得其反。通过与成千上万的反刍者和焦虑者交谈，我了解到，尽管目标很简单——就是为了感觉更好，但结果总是事与愿违。

这句话很关键，所以你不妨多读几遍：**试图摆脱重复性消极思维反而会让这种思维更顽固**。这可能听起来很老套，甚至和你从别处听来的完全相悖，但要减少重复性消极思维对你的控制，你必须首先停止反抗。试图打消这些念头和消除它们引起的不适是你的本能反应，但当我们告诉大脑不要去想某件事时，它却不配合了。如果**现在**我让你在任何情况下都**不要去想**一只绿色的长颈鹿或你的左大脚趾，你的注意力会立刻聚焦到那里。在你有机会**不走向那里**之前，你已经在那里了。

接下来——这一点让事情变得更加棘手——你的大脑可能会陷入关于这样做的优点或必要性的内在挣扎中。就好像你被分成了两个部分：一个知道你陷入了反刍，另一个相信（或希望）持续不断的思考会带来新的视角或全新的解决方案。你试图打消这些烦人的念头，意识到它们（中的大部分在某种程度上）是有问题的，但同时又觉得反刍在某种程度上是有益的、必要的。当你仍然被困在思考中（然后对思考进行再思考并试图摆脱思考），自我批评和挫败感就会蔓延开来。这就像精神上的仓鼠转轮，一圈又一圈，循环往复。

最终，重复性消极思维者会陷入困境，因为他们相信，通过回溯那些已经发生或者预期可能发生的事情，他们能学到一些有价值的东西。这种类型的思考，无论是反刍还是担忧，都很强大，因为它把自己伪装成解决问题的方式。

但事实并非如此。

我们中有多少人遇到过某人，然后想，**哦，我应该这么**

说的！要是我当时那样回应就好了！又或者你犯了一个错误，忘记了一个约会，或者把错误的短信发给了错误的人。也许你在纠结该买哪款电器，考虑换工作，又或者你在烦恼如何才能雇到最好的保姆。当我们处于这种思维模式时，我们的大脑忙得不可开交，但事实是，黏滞思维并不能促使问题得到解决，反而会让人在情感上疲惫不堪。你的大脑一直在运转，不肯放手，也不肯前进。这就相当于你坐在车里，同时踩着刹车和油门。当你在精神上一遍又一遍地重复做同一件事情时，你的情绪就会失控，压力水平就会上升。过往的经验教训已经被你抛之脑后，你的能力似乎也丧失了。你亟须自我关怀。然而，你却说服自己反刍是必需的。这就像你想要被人挠痒痒一样。

苏珊·诺伦－霍克塞玛（Susan Nolen-Hoeksema）是一个极具开创性而且研究成果丰硕的研究员，她的职业生涯的大部分时间都用来研究反刍动物的特征，以及在面对问题时它们采取了什么实际行动。她是最早阐明反刍思维和抑郁之间关联的人之一，尤其是这种关联对女性的影响。诺伦－霍克塞玛博士（以及她去世后，对她的研究成果进行拓展的许多学生）发现，反刍者本质上是被动的，通常是回避型的。此外，重复性消极思维者不太可能实施真正有助于情形改善的可行方案。尽管在认知上进行了类似口香糖的咀嚼，但反刍思维最终会削弱个人解决问题的能力，并对动机产生负面影响。

不妨斟酌一下那些有悖直觉的微妙的信息。如果你是一个反刍思维者或总是在担忧，你认为思考才是解决问题的办法，或者只有思考才能找到办法。而你的朋友、你的伴侣、你的治疗师——甚至是你的重复性消极思维——最终为你提供了一个解决方案，你反而不太可能听取。事情没那么简单。

反刍和人际关系：结婚、离婚、生孩子

大约 20 年前，我参加了一场婚礼，宾客们围着一张大圆桌落座。乔伊斯（Joyce）是一个 50 岁出头的女人。我们闲聊了起来，聊了聊我们和婚礼的关系之类的。乔伊斯和新娘的母亲是闺蜜。她的孩子们都长大了，离开家了。她说自己离婚了，因为前夫出轨了（而且不止一次），为了小三离开了她，她崩溃了。我礼貌地听着并点点头，她继续回忆着她离婚的细节，她当时有多愤怒，他们之间的冲突，找律师，谈判赡养费……她真希望见到那个年轻的小三时能出口恶气，但她没有勇气去复仇。乔伊斯回忆着那些痛苦的细节，反复告诉我，要是她当时知道现在所知道的这些就好了。

虽然时隔 20 年，一些谈话细节已经很粗略模糊了，但我清楚地记得，当时我觉得自己被困在了那场谈话中。但我怎么能打断她呢？她那么激动，又那么真诚。她似乎在孤独地自言自语。**我告诉自己，我能倾听，能感同身受。我要善良。**

最后，我问她："你们后来也没复合吗？"乔伊斯哼了一声："当然，亲爱的！他 17 年前就离开我了！"我的内心深处有点动摇。

这个故事她讲了多少遍？只要有人愿意听，她就开始全盘托出自己的心酸过往吗？我听到的全是私密、痛苦的细节，但我只是她在婚宴上偶遇的陌生人啊！而她复述故事的次数肯定远远比不上她沉浸于那些过往反复思考的时间。如果我都觉得被困在其中了，那么你能想象她是什么感觉吗？还有，那些在她离婚后与她共同生活的人呢？她的家人没有鼓励她向前看吗？或者试着重新约会？有没有对她翻白眼、回避她或与她争吵？我相信她们的耐心已经耗尽了。如果我在另一个场合再见到她，我还会同情她。但说实话，我想选择避开她。我会的！她的黏滞思维让她很痛苦，这可能会把人们推得远远的。重复性消极思维对人际关系的影响是巨大的。

乔伊斯是一个充满戏剧性的例子，因为她的反刍是如此迅速而激烈地被表达出来。她深陷于这件很久以前发生的事件中。但是，每一个人在人生的某个时刻都会陷入这种日常的反刍中。重复性消极思维在我们日常生活的寻常事件中不断反弹，当生活出了问题，这种消极思维绝对会出现。重复性消极思维的戏剧性模式可能是焦虑症的征兆，如前所述，它们通常会将人引向抑郁，需要特别关注。虽然这些模式还没有达到"可诊断"标准，但是识别这些日常模式并做出改变是至关重要的，因为即使是低级别的重复性消极思维也会影响人际关系。

在思维反刍或担忧时，我们往往过度关注自身的感受和想法，而较少关注周围的人。这被称为**内在聚焦**，因为我们的注意力向内了，我们开始编故事了。例如，如果你偏内向，或有点社交恐惧（这很常见），在与他人互动时，你就不太会关注对方。相反，你会在开口前不断地在内心调整自己的发言，担心自己是否会说错话，甚至会预演在接下来的四分钟里，如果无话可说你该怎么做。

互动之后，你可能会分析刚刚的对话和你的失误。当你试图拨开怀疑的迷雾，寻找确定性，重复你刚才和他们的对话、你的表情和反应时，你打造的是一个片面的叙事。而一些反刍思维者可能会争辩说："我在进行（或回顾）谈话时，是真的把注意力集中在对方的身上！"但他们的重点完全放在自己的感受、想法和认知上了。

请甩掉那些黏滞的想法

记住，黏滞思维既是一种遗传特征，也是一种社会模式，所以先天和后天的结合使这种思维可以代代相传。如果你认为自己是一个反刍思维者或忧虑者，这种黏滞思维可能是你的原生家庭的一个模式。我们知道，焦虑是家族遗传的。焦虑的父母养育出焦虑的孩子的概率是其他人的6~7倍。但如果我们过分强调基因影响而忽视后天榜样的力量，那么我们就错失了重点。

焦虑的家庭存在一些可预测的趋势。焦虑的父母会在无意中展示如何担忧和过度思考，这种展示也许是在与孩子相处的时候发生，也许是他们独自的行为。这些父母不太善于向孩子展示如何接受不确定性，独立解决问题，或培养初步的自主意识。我是一名治疗师，所以我经常在焦虑的孩子身上看到这些能力上的差距。

相比父母不焦虑的孩子，那些由焦虑者抚养长大的孩子会认为这个世界更危险。我的目标就是打破这些重复性消极思维的代际遗传模式，揭穿其有效性的神话。解决问题需要积极、合作。重复性消极思维则是被动、向内、孤立的。一旦人们认识到这些重复性消极思维对自己家庭的影响，往往会选择中断原有的模式。

布列塔尼（Brittany）就是这样，她自称是焦虑者，总是专注于未来可能发生的事情，并努力思考、盘算，试图寻求确定性。作为一个新手妈妈，她对"确定"的需求比以往任何时候都更强烈，不出所料，她依赖于她的家庭曾给她的教育——寻找确定性，消除风险——但这并不管用。把这种模式应用于新生儿的养育上，很快她就筋疲力尽了，这也是布列塔尼向我寻求帮助的原因。

"我来自一个'流程型'家庭，"布列塔尼告诉我，"我总是被教导要想清楚，要说清楚。我们家很重视智慧。只要你足够努力、思考的时间足够长，就会找到解决办法。"她很快就意识到她的母亲是一个重复性消极思维者，不仅放不下过去的伤害或怨恨，还会反复思考即将发生的事情的全部细节。在家庭旅行前，甚至在开学第一天前，她的妈妈都会对照着清单反复问"你确定你带够袜子了吗"或者"你的老师怎么样，你都听说了些什么"。

布列塔尼告诉我一个没有明说却无处不在的家庭格言：**坏事总会发生，但如果我们提前准备就不会。**我非常想知道，这一家庭价值观是否更恰当地描述了一种对于确定性的需求。有时候那些毫无必要的担忧会通过更复杂的话来掩饰自己。揭开神秘面纱的过程开始了。

布列塔尼和丈夫的争吵越来越多。他对布列塔尼需要全面控制育儿的方方面面感到很沮丧。"我责怪我的丈夫太大意，因为当他想让一家人一起去做一些事情的时候，只是想出去享受一天。但我可能会因此陷入思考、盘算和五花八门的'万一'中，以至于我没法做出决定，什么都做不了。"她告诉我。

她也意识到，她并没有和宝宝或丈夫真正在一起，因为她满脑子想的都是宝宝下次体检时需要问什么问题，产假结束重返工作岗位时该如何处理与孩子的分离问题。这些问题不断地跳入她的脑海里。她确实在照顾宝宝，但她觉得自己的某一部分经常会分心，或者脱离当下正在做的事情。"我当时是和她在一起，"她告诉我，"但我也觉得自己在做一些消极的白日梦。"这并不是什么新的模式。在孩子出生之前，她丈夫就经常说她在"转圈圈"，抱怨她没有能力做决定或制订明确的计划。"他总是对我说，要么放手，要么向前看。少想，多做。"

很多家庭经常和我讨论这个问题。孩子们说，父母虽然在房间里，但是心不在焉，没有关注正在发生的事情。一个十几岁的女孩这样形容她妈妈："她好像总是心不在焉。""她假装在听我说话，但她并没有真的在听。如果她认真听了，我是知道的。我可能也会这么对她。"夫妻之间也会有这样的抱怨。"他看起来总是很紧张，说我问他问题的时候他压根就没听见。"一位女士告诉我。当我们陷入反刍或担忧，陷入与自我的内在对话时，别人会注意到我们一脸茫然、心不在焉。

我知道，我们都变得越来越习惯于一心二用。你和某人说话，但显然他们对手机更感兴趣，或者回应得很敷衍。当你试图写完最后一封电子邮件时，你的孩子正给你讲故

事，而你在点头应付。要处理所有扑面而来的信息确实令人
难以承受，再加上我们自己的内心也很嘈杂。但我想让你意
识到，你不可能在陷入反刍或担忧的同时，还能全身心地存
在于此时此刻。改变重复性消极思维模式将改善你的人际
关系。

反刍和焦虑是很常见的。变幻莫测的现代生活为我们提
供了大量可供琢磨的素材。这些模式虽然很常见，但仍然会
造成伤害，对大多数人而言，单凭这些模式并不足以得到诊
断。但如果任其恶化，焦虑和抑郁的风险因素会把你逐步引
向那个方向。乔伊斯和布列塔尼在生活中的许多方面都很能
干，很成功。然而，当她们陷入重复性消极思维时，她们就
丧失了自控力。布列塔尼了解了这些模式后，做出了一些改
变。认识、调整和坚持不懈的练习对布列塔尼很有效，对你
也一样。小小的改变就会让天平向你倾斜。

怎么做

着眼大局：过程胜于内容

摆脱重复性消极思维的第一步是认识你的模式，观察它
们是如何运作的，并承认这些习惯是无益的。这个过程需要
一点信念上的"飞跃"，因为你**确实感觉应该那么做——**它
似乎是有价值的。记住，重复性消极思维设下陷阱，让我们

相信我们吃的是有营养的东西，而实际上我们只不过是在嚼口香糖。如果是我为你做治疗，我会希望你能更好地观察你的思维模式，这样我们就可以在你和重复性消极思维之间创造一点空间。稍微退后一点或者抽离一点，你就会对重复性消极思维充满好奇，从每一个事件的特定细节中退后一步，就会看到更宏大的图景。摆脱细节是至关重要的。这就是简化的方法。

焦虑和反刍的细节就是**内容**，而两者的连贯模式和周期就是**过程**。内容（主体、事件、对话的细节）并不重要，因为你的重复性消极思维会抓住它能捕捉到的一切。大多数人会被内容所困。但是你和你的重复性消极思维**如何**被拴在一起，你的重复性消极思维如何吸引你的注意力，以及它如何让你陷入寻求确定性的轮回，这些才是你要注意的。你的重复性消极思维"唠叨"的是什么？它是如何把你拖进去的？它讲述的故事一般都是什么？你是如何回应的？不妨把它想象成一场婚姻。如果一对夫妻经常因为日常琐事（比如谁负责把碗放进洗碗机里、晚餐在哪里吃、邻居家的狗的问题）吵得面红耳赤，争吵中充满了谩骂、讽刺甚至威胁离婚，那么争吵的细节（内容）就远不如夫妻沟通或处理分歧的方式（过程）重要。

例如，我的一个年轻来访者正努力发现和改变他的重复性消极思维模式，因为它阻碍了他的生活。他在 27 岁时准备换一份工作，他对一些在线约会应用程序很感兴趣，还想启动一个长期投资计划——这些都是在人生的这个阶段非常合理和常见的问题。但让他寸步难行的是，他习惯于一遍又一遍地设想每一种情形，从而在做决策之前找到某种确定性。他不擅长做决定，于是不断权衡每一个选择或意见。他的老板真的那么糟糕吗？他冒险辞掉这份工作，会不会到头来更不满意？在上次约会中，他说了什么不该说的话？他怎么样才能找到一个值得信赖的投资顾问？我帮助他发现这些过程是如何重复的，尽管不同情形的**细节**可能不同。不管对方是老板、约会对象还是财务顾问，模式其实是一样的。

刚开始的时候，他把反刍思维视为自我保护。为了走得更远，他需要清晰化。他现在可以更好地意识到他的重复性消极思维让他陷入了困境甚至是轻度痛苦。

当你成为自己的模式的专家时，请注意，这些想法是可预测的、冗余的和持久的。它们被称为"重复的"和"消极的"是有充分理由的，但它们像突发新闻一样吸引你。当你思考、坚持和陷入循环时，你可能会**感到**内心被激活：但请记住，焦虑者和反刍者经常沉浸在自己的想法中，而**不采取行动**。当你的重复性消极思维激活时，你不太可能去积极地实施某个解决方案，即使它就摆在你面前。

让你的重复性消极思维外部化

外部化，或者为你的各个不同的部分创造一个角色，是一种我前面提到的拉开距离和创造空间的办法。我把这个技能教给了几乎所有存在焦虑和抑郁的来访者，年龄层涵盖范围从 5 岁到 85 岁。部分疗法并不新鲜，它以各种方式帮助人们中断原有的破坏性模式，走出创伤，恢复清醒，并清楚地明白自己是如何走出来的。外部化的方法让你能客观地观察自己的这一部分，并学会以新的方式回应它。把你反复琢磨或担忧的部分单拎出来，给它起个名字、总结一下它的个性，让它鲜活起来。承认它，与它"交谈"，对它"翻白眼"。接受它的存在。我们每个人的身体里都有这样的部分。

我见到布列塔尼的时候，她重复消极思考的内容全是她的孩子。即使她过去也一直想得很多，但这次的内容不一样。她需要操心孩子，这种操心似乎再多也不嫌多。我们为她过度思考的那部分创造了一个角色——她的祖母的年轻版，她很容易辨认出她的祖母是一个重度忧虑者。布列塔尼意识到，她从小就有这种过度思考的模式，当年轻版的祖母上线时，她甚至可以"听到""感觉到"。当然，对于她的重复性消极思维而言，为人母是一个很好的机会，来肯定重复性消极思维的价值，让她能够改变她与重复性消极思维的关系。内容（孩子）虽是新的；但过程是一样的。

将忧虑外部化，也有助于改善她的婚姻。布列塔尼的丈夫杰克（Jake）对她的消极越来越失望。当他质问她时，她辩解说她需要确保孩子的安全，并指责他不够细心。你可以想象，这些谈话没法解决问题。他们争论的是谁更爱孩子，根本不了解其背后是一个更宏大的思维模式在作祟。

一旦布列塔尼能管理自己的重复性消极思维，并向丈夫解释清楚，他们就可以作为一个利益攸关的团队，共同削弱"年轻版的祖母"的影响。这件事没那么容易。当杰克喊出"年轻版的祖母"时，布列塔尼可能会感到被侵犯，感到尴尬。她的第一反应是强调细枝末节，为她想得过多找理由。有时杰克会不耐烦，期待这种模式永远消失，而不是需要不断提醒和调整。尽管如此，对他们双方而言，能找到一种方法去讨论这种模式会让人不那么沮丧。这也大大降低了在拜访布列塔尼的家人后爆发冲突的概率，在那里，年轻版的祖母的影响力得到了充分的展示。没有了否认，取而代之的是会心一笑和默契。

如果你要创造一个重复性消极思维角色，请告知你的家人。告诉他们，当你和你自己爱焦虑的那部分针锋相对时，要把你捡出来（以关爱的方式）。你与其做出防守姿态，不如深呼吸，然后感谢你的家人在你努力改变的时候能拉你一把。我向你保证，你需要一些时间去练习，但练习会带来很大的改变。如果你们家有孩子走上了同样的路，请帮他们

开启这段旅程——立刻，而不是十年后，当这种模式根深蒂固，就更难被打破了。

接受不断的调整

对模式的认知和随后的转变也需要持续的自我原谅，因为你需要一次又一次地归零重置。你没法简单地决定要结束重复性消极思维，然后"噗"的一声，它就消失了，因为在你设定新方向的同时，需要不断重复才能改变大脑路径。你那黏滞的大脑是不会轻易放弃的。我喜欢用隐喻和类比来帮助人们理解或阐明一个观点，所以我希望你在生活中也能找到一个例子，让这个重置或再调整的过程模式化。

比如开车的时候，你会不断地调整来确保车辆行驶在车道内。比如练瑜伽，你也需要一直调整你的姿势。做饭也一样，你会先尝下味道再放香料。我骑自行车的时候，也需要不断换挡。如果你加入了合唱团或管弦乐队，你也需要先听，再调整。这样的例子不胜枚举。

挣脱当下

一旦你更好地认识和理解了重复性消极思维运作的过程，就必须开始练习，当这些想法闪现时你该怎么回应。让我们实际点吧！开拓新的路径需要努力，而旧有的大脑通路早已被打通，而且固化。我们的大脑喜欢走熟悉的路线。我们的目标是降低频率和强度，当我们陷入重复性消极思维时，我们仍然需要一个策略来摆脱困境。

我能想象这些想法有时会拽住你，不管你是初学者，还是专业人士。你需要**一些解脱的方法**，一旦你陷入困境，可以尽快从重复的思维循环中跳脱出来。但在我深入探讨这些办法之前，我要提醒你：摆脱重复性消极思维并不意味着消除它。如果你期望能摆脱重复性消极思维——彻底摆脱这些常见的、让人不舒服的想法和感觉——那么你不仅会对我感到恼火，也会对自己感到沮丧。事情总会发生，想法总会冒出来，消除策略会适得其反。

我非常反对消除策略，因此我对**挣脱**和**分散注意力**这两个术语进行了区分，分散注意力是处理重复性消极思维最常见的办法之一，很多人都被教导要把它当作主要方法。一些分散注意力的方法是有帮助的，但是如果你认为分散注意力的目的是避免或抑制某种想法或感觉，那么分散注意力就很容易落入消除策略的陷阱。多年来，我听过无数人说过这样的话："我不想去想它，所以我学会了分散注意力。我不能那样。"我明白，但这种逃避的方式是在说："我没有办法控制我的想法和感受。我需要出去！"这些问题往往会让人分心，让人上瘾、割裂或难以自拔。药物、智能手机、游戏、锻炼、工作——这些事物都可以起到这样的作用。它们成了你的拐杖，而你举步维艰。

我更喜欢"挣脱"这个词，因为它听起来不那么紧迫，更容易被接受。我希望你允许那些想法出现，认识到这种模式，然后从重复的过程里挣脱出来。当你挣脱了，别忘了自我关怀，抛开那些"我现在必须停止思考这个……我现在需要让我的大脑关机！"之类的想法，不要那么武断地认为你的付出都是徒劳。允许自己向前走，远离消极过程：

我现在被困住了，是时候挣脱了。

让我改变一下（还记得你的调整类比吗？），这样我就可以弱化这个习惯。

这种想法没有价值，也没有效果。

此时此刻，若你感到被困住了，挣脱束缚，然后转向别的事情，不用聚焦于你的想法、感觉或身体的负面感知。做点有趣或令人愉快的事，哪怕只有几分钟。听听别人的生活或爱好，听好听的音乐，做一些短时的（或长时间的）体育活动。以某种方式与外界建立联系，而不是在你的脑海里徘徊，与你的担忧周旋。"这不就是分散注意力吗？"你会问。我想算是吧。但挣脱会让你更温和地从头脑中的拉锯战中走出来。分散注意力通常被视为一种停止思考的方式，这对我来说过于逃避。挣脱有助于缓解你的重复性消极思维。担忧或反刍可能是持续的，所以要坚定、一致，不要紧张，不要惊讶。重复性消极思维就是这样的。随着时间的推移和持续的练习，这些想法会变得不那么苛刻和频繁，即使它们偶然出现，基本上也不会影响到你。

做点什么！

行动是管用的。如果有问题亟待解决，不要陷入孤立的思考，记得寻求帮助。最近我被某件事困住了，而且这件事情清晰地盘旋于我的脑海里。我需要另一个声音来和我自己的想法抗衡，所以我给一个好朋友打电话。我们谈了谈，他建议我采取一些办法。没什么复杂的，但我需要一点同理心和鞭策，才能把这个项目往前推进。这场谈话让我立刻感觉好多了，听取他的建议对我帮助很大。这是一个持续进行的项目，所以每当我陷入忧虑时，我就会采用我们之前讨论过的那些积极的办法。忧虑者在寻求确定性的过程中往往会推迟行动，他们会更多地思考，专注于内在。我犯的就是这个错误。开始吧！行动起来。你可以边做边调整。记住：重复性消极思维不是解决问题的办法。

用你的想象力去想象

研究表明，想象会改变大脑内部的连接和路径。运动员、慢性疼痛患者以及抑郁症和焦虑症患者都可以学会以强有力的方式使用视觉图像。在这一行干了 31 年之后，我非常确信，忧虑者有非常丰富的想象力；想象和形象化已经在你的工具箱里了。我们的目标是在你的脑海中制作一个小视频来说明什么是脱钩，不管这对你意味着什么。我喜欢那些画面——它们使你的想法和思维从黏滞状态变为光滑状态，或者在你的反刍大脑运行时能放慢思考速度。

例如，把你的重复性消极思维想象成一个快速旋转的自行车车轮，你甚至都看不清车轮的辐条：然后你看着它放慢速度，辐条开始显现出来，车轮转得越来越慢。

或者钻进你的大脑，看看你那焦虑的大脑黏稠的表面，把它变得有光泽、平滑。从糖浆、胶水或泥浆变成冰冷的大理石或闪亮的珠宝。想象一下，你的大脑中最黏的部分变得光滑，让那些想法顺势溜走。或者继续让那黏糊糊的部分缩小，让它变得更小、更模糊，这时，你会看到解决问题的那部分变得更大、更清晰。

我的一个来访者把她的大脑想象成一个忙碌的"用餐者"。当她发现自己被困在重复性消极思维中时，她想象自己坐在座位上，她的"用餐大脑"一遍又一遍地看菜单，但一直没有点餐。然后她会移动到另一个座位来切换场景。她看着自己下单，看着饭菜被送到她的手中。她喜欢听餐厅里丁零当啷的声音。这时，快餐厨师把餐盘放在柜台上等待取菜。这是一个活跃、忙碌的可视化画面，非常动感、真实。这个工具可以在当下发挥作用，但在你还没有陷入停滞的循环中时，你就需要提前打造好"场景"。这样，在需要的时候你就已经准备好了。花一点时间去想象，这样它就会变成一条更熟悉的路径。（不要告诉我你没时间，我只是要求你在一天中抽出几秒钟——我可是知道你花了多少时间反刍或者担忧的。）当你刷牙或冲洗头发上的洗发水时，当你在等待你的狗狗尿尿或站在红灯前时，把你的场景调取出来，慢慢地深呼吸，闭上眼睛，看一下那个"小短片"。你可以灵活调整，享受其间的乐趣，试着激发创造性——因为黏滞的大脑所期待的东西与乐趣、灵活性恰恰相反。

如果你睡不着

反刍和担忧是睡眠的天敌，所以你要利用一些具体的信息和办法去改变睡前重复性消极思维。如果你觉得自己是重度失眠症患者，或者你的睡眠问题时有时无，那么很有可能是重复性消极思维造成的，尤其是当你确实有一些正在反复琢磨的压力源的时候。入睡时，你的大脑会把你带到安静而与世隔绝的地方，那里没有其他的指令让你的大脑忙碌。各种想法和伴随而来的情绪突然冒了出来。然后，当你无法入睡或保持睡眠状态时，你开始担心不睡觉会对第二天产生什么影响。这对我们大多数人来说都是一个很熟悉的循环。

除了所有的模板化策略，我还会在睡不着的时候，用ABC游戏来解救忙碌的大脑。首先，我会提醒自己，身体知道该如何才能睡着，我只是需要给我的大脑一些无关紧要的话题来反刍一会儿。我会选择一个我了解的日常话题，比如狗的品种、美国的城市或甜点。然后我开始回顾字母表，在每个字母上想几秒钟。

A——Alaskan Malamute，阿拉斯加雪橇犬；

B——Basset hound，巴吉特猎犬；

C——Corgi，柯基犬；

D——Dachshund，腊肠犬。

如果我在某个字母上卡壳了，我会在几秒内开始思考下一个字母。有时我会选一个话题，直接从 M 开头，而不是 A，主要是因为我很少在想到 M 之前还没睡着，我想变一下。如果完全按照字母表来玩，我就要重新开始。有时我会选一个数字，然后开始减去 7、112、105、98、91、84……这是一个可以玩的小游戏。思维放松了，身体就可以做它驾轻就熟的事情了。

玩这个游戏的目的就是打断让我们停不下来的想法和思维模式。这是一种认知方法，对很多人来说都是有用的。如果失眠对你来说是一个非常严重的问题，无论是长期失眠还是短期失眠，我强烈建议你研究失眠的认知行为疗法（CBT-I）。CBT-I 采用结构化的、短期教学方式，重点在于改变人们对睡眠的想法和失眠模式。基本上就是改变你与睡眠的关系。研究认为，CBT-I 是一种比安眠药更有效的方法。

服用安眠药是治疗失眠最常用的方法，但它并不是最有效的，而且服用安眠药时间越长，副作用就越明显，包括药物依赖、白天思维和运动活动障碍、白天嗜睡、睡眠困难增加和反弹性失眠等。而 CBT–I 则会带来长期的睡眠改善。你可以去找单独讲解或者在课堂上教授 CBT–I 的医生，也有很多相关的应用程序和练习指南可供你学习。

一些重要的提醒和鼓励

在这里，我必须给出一些忠告，它们看似显而易见，但仍需要清清楚楚地说出来。忧虑者总是为他们的担忧而担忧；反刍者会被诱惑着往回走，反刍他们的反刍所产生的影响。现在你了解了这些信息，你可能会陷入"我做了什么？"的陷阱里。这是你练习和观察面对评判和压力的诱惑的第一个机会，你是否频繁地担心你的担忧已经把你的孩子给毁了，或者你该如何向你的伴侣道歉，因为他一直告诉你，你的反刍很烦人，等等。你走得越远就越没办法改变这种模式。这就像你对你的孩子大喊大叫，就是为了让他们不要对他们的兄弟姐妹大喊大叫；或者你把剩下的生日蛋糕都当早餐吃了，因为你想着最好赶紧处理掉，这样之后就不用再吃了。其实都是一样的：说服自己所有的想法——即使是消极、纠结、痛苦的想法——在某种程度上都是必要的。

办法很简单：

不断调整。

小的改变日积月累就会带来明显的积极变化。

你在不断进步。

剧本大概是这样的：

- 认识到你陷入了重复性消极思维的循环中。

- 观察这个过程，并与你的那个部分保持一定距离（就像布列塔尼对"年轻的祖母"所做的那样）

- 如果需要一个解决方案或行动，先制订一个计划，然后去做。（不断地思考、回顾、研究、谈论、重复和寻求安慰不是采取行动。）

- 采取行动后，**挣脱束缚**。如果没有需要采取的行动，承认这一事实，然后**挣脱**！

- 练习想象，用你的想象力自由地创造一些新的路径。在你每天的日常生活中，在当下，试着运用它。要富有创造力。

我希望我已经说得很清楚了：反刍和担忧发生在每个人的身上。如果你的思维黏滞，那么这种情况便会经常发生。你要坚持，随着时间的推移不断地调整，就像学习一项新技能一样，比如学骑自行车、学一门语言、学习种植室内植物。当你在大脑里创造新路径时，思维自然而然就转变了。

为了达到这个目标，你需要做一些听起来有点奇怪的事情：要对这些想法的到来满怀期待，因为你获得了练习的机会。矛盾的是，与直觉相反，你越是不带评判，越不抗拒它们的到来，就越会感到自由。想要证据？请接着往下读。

带着"反刍"爬山：
一个死里逃生后换挡的故事

在动笔写这一章的几天后，我经历了一次死里逃生，差点就完了。突然间，我有机会以观察者的身份来研究"反复思考"这个东西，注意到它的力量，以及它可能会带来什么后果。你听说过神经解剖学家吉尔·博尔特·泰勒（Jill Bolte Taylor）的故事吗？她在 37 岁时中风，出于大脑专家的好奇，她开始观察自己的大脑中发生的事情。事情就是这样，尽管我的实际经历远没有吉尔那么痛苦。

我和我的丈夫准备去白山（White Mountains）远足。我们在新英格兰州非常典型的双车道公路上行驶，道路蜿蜒曲折，风景秀美。我们的车速大概是每小时 50~65 英里。就在这条路的一侧，离我们选定的目的地不远的地方，有一口小山泉。人们经常把车停在路边，带上盛水的容器，灌满冰冷纯净的山泉水。小小的停车区让这里成了一个方便又受欢迎的停车点。

我的丈夫把车停在碎石地上，几乎与道路平行，我们的车头向前，以便离开时迅速开上公路。他从驾驶座跳下车，打开后备厢，拿上了他的大水壶。他走后，我坐在副驾驶座上刷着推特。突然，汽车开始缓慢地向公路方向行驶。这车配备的是标准的变速器，显然是掉挡了，而紧急刹车没有启动。

我已经不记得最开始的几秒内我做了什么。我只知道我往后看，看到一辆车向我快速驶来。我试图去抓方向盘，做好了撞车的准备。行驶而来的司机开始按喇叭，在我面前紧急转向。我发现另一辆车很快开了过来，而我的车几乎完全堵住了车道。

不知怎的，我跳上驾驶座，伸腿踩下离合器，发动汽车，尖叫着躲开了。我的丈夫回来后，一脸茫然"车为什么会在马路上？你还好吗？发生了什么事？"

我泪流满面地告诉他，那辆车是怎么开始开到马路上的。"我差点就死了。"我说道。然后我又重复了一遍。

"你没有，你没事的。"他说道。接着我们沉默了。我的心怦怦直跳，手紧握成拳头。这一幕在我的脑海里反复回放了好几遍，我还设想了不同的结局。我开始玩假设的游戏。

我不知道如果我们行驶更长的时间，会发生什么，我的脑子里只有那些胡思乱想。但我知道我很快就要去爬山了，这是我最喜欢的运动之一，这样我就能把体内大量的肾上腺素释放出来，我的身体会感觉很好。因为职业关系，我知道我的大脑想要重放那 20 秒，我会一次又一次地被拉回那个场景。

我该怎么办？"做个旁观者，对这些停不下来的思维模式和想象力感到好奇"，这听起来很熟悉。我终于可以亲身实践我作为治疗师给来访者宣扬的那套理论了。我提醒自己，这是一个机会，要抓住它。我经常对那些来向我咨询的家庭说，把我们的工作看作一个实验，可以让我们与自己的认知、情感和身体反应保持一定的距离。当我们到达小径处的停车场时，我做了几次深呼吸，把手臂高举过头顶，喝点水，就开始爬山了。

下面是我徒步时做的事情：

- 我清楚地告诉自己，对我来说，回想这些很正常，我正在处理这件事。

- 我提醒自己，那件事很可怕，但我没事，所以没有必要假设其他的结局。

- 当我注意到自己在虚构另一个假设的结局时，我做了一个小小的改变。我想出了一个咒语："我的思绪当然会飘到那里，这是自然的，但没有必要。没有必要。"我知道我会反复这样，那也没关系。在徒步时，我甚至大声说出来："小小的转变！"接着把我的注意力拉回到我周遭的外部世界。

- 那天晚些时候，我有意识地思考**谁**会听到这个故事，谁不会。不会是我的父母，也不会是我的孩子或者兄弟姐妹。就像我一开始告诉你的，我是一个喜欢讲故事的人（这是一个好听的说法，你也可以说我是个话痨），所以思考这个故事以及该讲给谁听，然后多次复述，可能会成为我的一种反刍。我最终决定第二天告诉健身房的几个朋友。我做到了，就是这样。现在，轮到你了。

- 我允许自己有这些想法，因为它们无论如何都会出现。但我不需要解开任何谜团，解决任何问题，也不需要反复思考其他的结局。这部分已经翻篇了。

- 以后呢？除了停在车道上，我在停车的时候都要拉好手刹。那是我能采取的行动，是一个解决办法。好，搞定。

- 我告诉自己，我以前也有过这样的遭遇。我们都有过"千钧一发的时刻"，如果你温和地承认事实并去做出改变，而不是去反复思考或者试图对抗那些想法，那么随着时间的推移，一切都会好转。

- 我这么做了，而且奏效了。事情确实发生了，它就在那里，但当我远离那些胡思乱想时，它就没有那么强大了。最初那些有意识的提醒，现在变得不那么强烈和频繁了。三周后，在我写这篇文章时，这种思维模式就变得更容易管理了。

需要思考和记录的问题
你自己（或其他人）会把你形容为"过度思考者"吗？你如何看待思考或分析的价值？这些信息从何而来？
你会频繁地因为思维反刍而感到后悔吗？"要是当初我……"
写日记是你坚持下去的办法吗？还是你会解决问题并继续前行？
想象一下你的重复性消极思维，它是什么样子？最常重复的是什么？
你想到了什么隐喻来形容你那黏滞大脑的改变？

THE
ANXIETY
AUDIT

第二章

———

灾难临头

负面思维：

灾难化思维如何让世界变得更危

险，并要求你做出相应的反应

Part 02

情况可能更糟。不确定是以什么方式，但有这个可能。

——屹耳（Eeyore），《小熊维尼》

我们不能用制造问题的思维方式去解决问题。

——阿尔伯特·爱因斯坦（Albert Einstein）

我们已经知道焦虑者有丰富的想象力。我们要讲的下一个模式——灾难化思维，也利用了这一强大、富有创造性的能力。它也是重复性消极思维家族的一员——因为它显然是重复的、消极的——但有一些很重要的不同点使得灾难化思维更具主导性、更消极，有时也更难驾驭。我先解释一下二者的区别。

焦虑者真的认为他们是在寻找解决方案。他们关注问题的未来走向，预期坏的结果，但他们把焦虑视为预防坏结果出现的途径。至少这是他们的出发点。这条路径通常是蜿蜒曲折的闭环，把焦虑者一次又一次地带回原点，就像童话故事里在树林里迷失的孩子，或者情景喜剧里不断绕回到同一个地点的角色。

焦虑者总是走在同一条路上，即使这条路不会通往出口。"忙碌"和时而过度活跃的思维妨碍了他们解决问题。或者，当面临很多解决方案时，焦虑者拒绝做出选择。他们寻求的是确定性和保证，当他们对确定性的追求无法实现时，他们通常会选择逃避。

灾难化思维者也关注糟糕的结果，经常将逃避视为一个选项，但与焦虑者相比，他们走得更远一些。这是一条走到黑的绝望之路，基本上是最糟糕的情形。灾难化思维者会把焦虑者的假设"如果……会怎么样？"换成宿命论的"这是命中注定的"。灾难论者在经历和谈论坏的结果时，把它看作是既成事实。在他人看来，这种夸张的反应并不符合实情，但灾难化思维者并没有理性地解决实际的问题，甚至没有考虑其他可能的结果。这是对形势或症状的令人沮丧的误读，也是对威胁的高估。

这本书讲述的大部分模式都是相互交叉的。焦虑者看到潜在的紧急情况就想要避免，就像灾难化思维者一样。当焦虑者开始制订旅行计划时，她会想，**我真的很担心我们可能会迟到，会误了航班**。她不断强调、计划，然后依据她所担心的情况去行动。当一家人提早了几个小时到达机场时，她认为她的担心是有用的。灾难化思维者也是焦虑者；在规划行程的时候，她想象一家人错过了预定航班，也没法订到其他航班，于是放弃了度假。她继续向绝望的尽头走去：家人们再也不会同意去度假了，钱也被浪费了，她会永远觉得自己要为这场"灾难"负责。她坚信最坏的情况一定会发生（或正在发生），因此她做出了与不可避免的可怕结果对应的反应。

灾难化思维者是出了名的小题大做，他们对察觉到的威胁或焦虑的情绪反应是夸张的、戏剧化的，有时是不可动摇的。生活对他们就是一场紧急事件。如果你感同身受，你就会知道这是一种让人筋疲力尽的生活方式。你为清醒时分打造了一个噩梦，并甘愿陷入其中。如果你是在这样的环境里长大，也会留下印记。这是一种需要被打断的家庭模式，它在某些家庭文化和传统中根深蒂固。

如果沉浸于这些噩梦中无法自拔，人是很痛苦的，那么为什么人们还要这样做呢？首先，这种设想最坏情况的思维方式会让人有安全感。如果人预想到了最坏的情况，那么就会有所准备。我也听过很多人主张要为最坏的情况做好准备，这样当它**没有发生**时，人们就会感到惊喜。他们说，做最坏的打算，抱最好的希望。我认为，如果这种"预防性"思维令你根据威胁等级采取相应的行动，那么这种思维的存在就是合理的。我们称之为"可能解决问题的先发制人的灾难化思维"。可能吗？有时候是可能的。

例如，在疫情期间，我们都听说过最坏的情况，从生活不便（卫生纸用完了）到可怕的情形（食物或医疗设备短缺），再到更可怕的情况（家人在重症监护室孤独地离世）。许多人都采取了行动来预防坏的结果：比如囤物资，多买一台冰箱用来储存食物，隔离感染风险最高的家庭成员。所有这些行动都是对威胁做出的合理反应。我们焦虑，不知所措；我们对我们接收到的威胁性信息进行评估，然后采取行动。但是如果你听到了威胁性信息，去反复想象家人的可怕遭遇，即使你采取了行动，你仍然会被不可避免的结果所困扰，那就是在把事情"灾难化"。如果你的决定、谈话和情绪都笼罩着悲伤、可怕的阴影，那也是在把事情"灾难化"。

其实，我们都会有灾难化的想象，因为我们都是社会人。当我们听到别人的故事并设身处地为他们着想时，就会产生同理心和连接。当我知道与我年纪相仿的人被诊断出癌症，或者朋友骑自行车出了事故（我也骑自行车），我会把自己带入其中。我会产生同情，也会去想象，"如果是我，会是什么样"。这很正常。如果我说我的猫死了，而你也很爱你的宠物，当你想象自己的宠物死了或想起自己的经历时，你能对我的痛苦感同身受。在听到我心爱的猫的遭遇后，你甚至可能决定以后都要把猫关在家里，完全改成室内圈养。

但如果你沉浸在故事里，一遍又一遍地想象自己养的宠物死了，每分钟都需要知道你的宠物在哪里，并且经常为它"即将到来"的死亡而哀伤哭泣，那就是在把事情灾难化。

如果下班回家时，猫没有在门口迎接你，你就马上抓狂，那也是在把事情灾难化。

灾难化的常见伪装

在前一章里我说过，现在我再说一遍：对我来说，所有的焦虑模式的具体内容都不那么重要。当你努力摆脱焦虑模式时，推动你前进的是过程，而不是内容；是大局，而非细节。我也知道，从灾难化想象的细节中跳出来可能很困难，因为在通往最糟糕的情形的道路上，往往铺满了常见的、情绪化的内容。

一些灾难化的路径会迅速将我们与人类不可避免的经历联系起来，因此更难逃脱。某些类别，某些内容，会有力而频繁地出现。可以把它们看作是"灾难论者的热门精选"。我在这里举例子，不是因为要对这些主题进行区分（恰恰相反！），而是因为它们太常见了。它们的无处不在让它们变得狡猾，你甚至可能都意识不到自己会加入它们的阵营。对某些事情的灾难化可能自然而然就发生了，甚至是社会认可的。如果你与它们中的任何一个扯上关系，你可能会觉得有很多人和你一样，你不孤单，但这样一来，你就更有理由去关注它们是多么具有吸引力了。这就是我们去神秘化的入手点。

健康和身体状况

对身体健康状况进行灾难化思考通常被称为**疑病症**，但是更现代、更准确的诊断术语是"躯体症状性障碍"或"疾病焦虑障碍"。不管有没有这种诊断语言，这些术语只是描述了对你所发现的症状的关注，或者对你可能患上的疾病的担忧，即使你现在还没有出现任何症状。小症状会被想象成是大病的前兆。若你发现你的眼睛抽搐，在短短几分钟内，你就已经设想到"失明是无法避免的"，甚至想到了葬礼。查尔斯·达尔文（Charles Darwin）、霍华德·休斯（Howard Hughes）和弗洛伦斯·南丁格尔（Florence Nightingale）都是出了名的"臆想症患者"。费里斯·布勒（Ferris Bueller）的朋友卡梅隆（Cameron）把自己关在家里，他觉得自己因为过敏已经濒临死亡了。很多人有类似的臆想，他们并不孤独。那些把自己的身体健康状况小题大做的人经常会去看医生，他们既想确认自己没出什么问题，又想确认自己的身体出了问题。这很磨人，而且对人的情绪、焦虑水平和人际关系产生了极大的影响。

例如，30多岁的瑞贝卡（Rebecca）是一位能干、外向的女性，但是她对于疾病小题大做，所以她的医生把她推荐给我。只要有任何症状，她就会立刻认为发生了特别糟糕的事情，惊恐地做出反应。头疼的话，她觉得她得了脑瘤；咳

嗽的话，估计是肺癌；如果她想不起来杂货店里偶遇的熟人的名字，那肯定是患上了早发性阿尔茨海默症。

她的丈夫在和她交往的前几年里，会温和地指出，她似乎有些反应过度。她对此很生气，所以他很快就鼓励她经常去看医生，希望随着时间的推移，一份持续的健康证明会改变她的思维模式。医生也认为，反复的"虚惊一场"会打断这种模式，所以他会好心地进行一次又一次的检查，让她知道医生会一直认真对待她的忧虑，也会给她提供她所需要的安慰。然而，他乐此不疲地对她的每一个灾难化的想法进行回应，再加上他对是否要直接点明这种模式犹豫不决，这一切让瑞贝卡变得更糟。当她开始对孩子们表现出同样的小题大做时，医生建议她来找我。

瑞贝卡和我一起开始审视她的整体焦虑情况，我们发现对疾病的担忧——虽然这是瑞贝卡灾难化思维和行为中最突出的一点——并不是她关于最坏情况的假设的唯一内容。她把这种模式看作是她想象中的一种久经考验的、实际上是反射性的路径。我们还一起解决给孩子做出灾难化思维示范的问题；毫不奇怪，这是她成长过程中所体验过的家庭代际模式。她看到的榜样都是过度反应的；耐心、观察力和解决问题——以及什么时候应用它们，这些都没有成为她的选项。

疼痛

有趣的是，关于灾难化思维，被研究最多的领域涉及疼痛，因为在诸多的领域，慢性疼痛的成本很高。几十年来，人们一直在使用疼痛灾难化量表 (PCS) 来研究人们对疼痛的灾难化反应，以及疼痛如何影响他们的恢复、活动水平和最终罹患残疾的可能性。那些得分高的人会反复思考自己的疼痛，担心自己有严重的疾病，担心一些日常活动可能会引发严重的后果，并觉得做任何事情都无济于事。他们从最坏的角度来谈论和感知自己的痛苦。可悲的是，大多数人都陷入了警觉、过度反应和恐惧的循环中，这些最终会增加他们的疼痛；讽刺的是，这恰恰是他们绞尽脑汁想要避免的。

研究发现，那些对术后疼痛进行灾难化预测的人更有可能患上慢性疼痛。事实证明，这种想法以及对这些灾难化想法的后续反应会对偏头痛患者的腰痛、分娩和生活质量产生负面影响。一项研究发现，只需要一个评估灾难化疼痛反应的问题就能预测慢性疼痛患者滥用阿片类药物的风险。

研究人员还对与儿童疼痛相关的家庭非常感兴趣，包括父母灾难化思维的影响。大量证据表明，父母对孩子疼痛的灾难化与更高程度的残疾、更低的活动参与度和更低的出勤率存在关联。重要的是，这些结果与孩子自己倾诉的疼痛强度是不一致的。父母的灾难化思维——而非孩子自身对疼痛的感知和倾诉——影响更大。在另一项研究中，古伯特（Goubert）和西蒙斯（Simons）发现，有灾难化思维的父母更痛苦，保护欲更强，也更关注疼痛，这最终也给他们的孩子带来了更多的疼痛和残疾。

如果你把疼痛灾难化，并不意味着痛苦不是真实的。但是你对疼痛灾难化的恐惧——你是否会好起来，你的问题到底有多严重，或者你认为疼痛会越来越严重——是决定你如何应对疼痛以及如何生活的关键。如果你相信不管做什么，你的疼痛都会加重，那么你就会为治疗、活动和你的未来做出某些决定。如果你相信你的疼痛是能治疗的或可控的，那么你就会有一定的能量来应对你的疼痛和整个过程，你的康复结果将是完全不同的。

几年前我就亲身经历过，我伸手想去搬一个很沉的箱子，结果背部受伤了。我受过很多次伤，但这次受伤弯腰系鞋带时都有明显的疼痛感，这让我吓坏了。我开始想象最坏的情况。我到底怎么了？如果我再也没法徒步、没法骑自行车或跑步了怎么办？我感觉到深深的恐惧。

那时我正在室内教动感单车课程，幸运的是，我的一个理疗师朋友苏（Sue）也上了我的课。当我小心翼翼地走进教室，宣布我将站着给大家上课时，她问了我几个问题。第二天，她把我带进了她的办公室，教我做了一些拉伸运动。

后来，我在办公室里见来访者的时候也站着，开会间隙，我会做一些她教给我的拉伸运动。

这些锻炼让我受益匪浅，但对我帮助最大的是：苏自信地告诉我，她知道问题出在哪里，也知道该如何解决。她还知道如何帮助我防止这种情况再次发生。她说："如果再感受到这种疼痛，你会知道那是什么，也知道该如何处理，没必要恐慌。"就好像她在直接和我身体里那个乐于灾难化的部分对话，削弱它的力量，让我能采取必要的行动进行疗愈。我相信了她说的话。这么多年来，我的背部一直很好，最重要的是，我已经用知识和信心处理了所有可预见的状况。我永远对她心存感激。

将恐惧本身灾难化

有些人会因为焦虑思维变得"灾难化"，这种思维模式会加重某些类型焦虑的严重程度，甚至会助推焦虑转为抑郁。当然，你可以把一切事情灾难化，所以因焦虑引发灾难化思维似乎是可预见的。甚至有一个专门的术语形容它：**焦虑敏感**。焦虑敏感指的是对焦虑引发的身体症状反应过度，认为这些感觉是危险的或有害的。这种对症状的误解只会加剧焦虑及焦虑模式，就像我们在疼痛问题出现时所看到的那样。

比如，如果你有焦虑敏感，在准备演讲或者与邻居发生不愉快的冲突时，你会发现自己的心脏怦怦跳，你不会把它理解为合理、正常的反应，而是会解读为心脏病即将发作。你不会对自己说，嗯，我太紧张了，心脏一直怦怦直跳，你会说，我的心脏病犯了……我现在肯定没法继续这个话题了！然后你拒绝对话，为潜在的灾难化死亡而惊慌失措，但这只会让你心跳加速，让你的逃避更加激烈。你开始关注自己的问题。你越是因为这些持续的症状感到害怕、绝望、疲惫不堪，你就越有可能抑郁。你越焦虑，就越逃避、越闭塞，你的世界就越来越小。你想象中的最糟糕情形正变成现实，一些负面期待"梦想成真"，随后愈演愈烈。

在 1933 年的就职演说中，美国总统富兰克林·罗斯福（Franklin Roosevelt）正好谈到了这一现象，提到了全民热衷于把国家灾难化，而他希望能激活这个国家，推动国家进步。大多数人都熟悉他关于"恐惧本身"这一论述的第一部分，但整句话更有启发性："首先，我要表明我的坚定信念：我们唯一需要恐惧的就是恐惧本身——一种莫名其妙、毫无依据的恐惧，它使转退为进所需的一切努力化为乌有。"

听起来耳熟吗？灾难化思维模式对你的生活影响越大，你就越会感到无能为力和绝望；而你越绝望，你采取的行动就越没有成效。

睡眠

正如我在前一章所描述的，想太多和睡着是不相容的。在你试图入睡的时候，如果老想着睡不着，你就特别容易陷入焦虑的漩涡中。在试图入睡时，无论你是在反刍、焦虑，还是进行灾难化假设，结果往往都是一样的——睡不好觉。在你无法入睡的时候，可以参考使用第一章的具体策略来给被困的思维松绑。

此外，要注意你可能一直对自己和睡眠做出了灾难化的预测或陈述。你认为自己的睡眠很差？你是否预测并害怕自己无法入睡？这已经成为你自我认同的一部分了吗？我曾经和乔（Joe）一起共事，他自称患有失眠症，说睡眠简直是灾难，我都想知道他那可怜的大脑和身体每天晚上怎么可能睡得着。"太可怕了，"他告诉我，"每天晚上，当我开始准备睡觉时，甚至提前几个小时就准备，我就知道我将会经历长达几个小时的折磨。"他显然认可了"这是一个长期的折磨"，自动地把睡眠不足对他的短期和长期影响都灾难化了，他告诉我，"如果第二天有一个大项目，我知道我将无法集中注意力，每个人都会发现我疲惫不堪"，"我看过一些研究，说睡眠不足非常影响身体健康……我死定了。"

有趣的是，乔的妻子经常告诉他，他早上抱怨"一整夜都没合眼"时，他其实睡着了。这并不奇怪，因为研究表明，许多失眠症患者对于自己到底睡了多久估算得相当不准确。一项睡眠研究的实验数据表明，大多数被试总是低估自己的睡眠时间，高估自己入睡所需的时间。一般来说，有这种睡眠错觉模式的人往往更焦虑、更爱反刍。他们有更多侵入性的想法，对睡眠有灾难化的担忧。和疼痛一样，担忧并不是解决睡眠难题的办法，它只会让人越陷越深。

就像瑞贝卡和她对健康状况的灾难化一样，乔能从更广泛的视角观察他的行为模式，并认为这不仅仅局限于他的睡眠。事实上，他了解到，自己在生活中对很多事情都有误解，草率地得出了消极的结论，让自己陷入了过度反应和痛苦的情绪循环中。每当主管叫他去见面时，他都以为自己要被解雇了。每当电话响了，或者有短信发来，他就会产生条件反射性的恐惧。为了改变这一模式，乔首先不再承认自己是失眠症患者，也不再讨论这个话题。接着，他开始发现他对睡眠进行了灾难化的预测，他意识到这种预测特别普遍。我很高兴他的妻子能不断地给出反馈和看法，最终乔也是如此。他因此发现了他的父母也存在灾难化思维模式，并意识到这个模式对他的妻子和孩子的影响。他需要知道她注意到了他的改变，以及这些改变如何使整个家庭受益。开拓新的路需要耐心和支持。

你明白我想说什么，对吧？

当全家人都小题大做时

家庭榜样的力量在这里显现出来也不奇怪，我们如何看待和应对生活环境，在很大程度上取决于我们的养育者、我们的家族和更广泛的文化给我们做出了什么榜样。对于有的家庭而言，消极的灾难化思维是他们日常生活和世界观的一部分，以至于你甚至没有注意到它或质疑它！小题大做的家庭不会坐在一起讨论如何弱化他们的灾难化思维。如果有家庭能承认这一点，他们通常会说"我们就是这样的人"或者"我们天生坦诚"。可能有一些幽默或调侃，但灾难化本身并不能让人乐观地改变这种模式——"我们可能小题大做了，但在这个世界上，谁不是这样呢？"

疼爱孩子的成年人在孩子面前表达恐惧，或直接对孩子施加恐惧，这是导致孩子童年焦虑的一个重要风险因素，类似于它对童年疼痛的影响。相比在非焦虑的家庭中长大的孩子，那些在焦虑的家庭中长大的孩子更倾向于认为世界是一个危险的地方，这并不奇怪。因为他们的脑海里常常会上演那些充斥着坏结局的假设影片，所以他们很难以合理的方式对风险做出评估。这正好符合焦虑的套路：寻求确定、安逸，如果没有，就**逃避**。

如果你是一个小题大做的父母，很可能会把注意力集中在日常生活中的各种危险上，这是你在善意地试图保护家人。但请记住，灾难化思维相信灾难是无法避免的，它一定会发生！一切都是命中注定！对于有的家庭来说，这种可怕的预言有迷信的成分。我曾和一位怀孕的朋友聊到她孕期的轻松。我笑着说，这对她来说真是太好了。"但是，"她说，"我们都知道，如果事情进展得太顺利，这意味着不好的事情将要发生。"我在心里做了个鬼脸，想象着孩子降生后，这将如何影响亲子养育。你应该还记得，瑞贝卡的新家庭就是这种情况；她的思维模式对孩子的影响引起了医生的注意，于是医生决定改变治疗方法，推荐她向我寻求帮助。

这并不意味着你该放弃所有的安全措施。这不是一个非黑即白的命题。你不会任由你的孩子随心所欲，然后祈祷一切顺利。（我会在接下来的一章里细讲非黑即白的绝对化思维。）作为父母，我们会给孩子的学习提供指导和帮助，尤其是在孩子还小或者踏入新的成长阶段的时候，比如上学、第一次独自在家、学习开车。我们始终陪伴孩子左右，提供帮助。

当你允许你的孩子参与一项活动或朝着更独立的方向前进时，你应该同时做两件事：接受灾难化的想法可能会突然冒出来，同时放下你对你的家庭差一点就遭遇可怕结果的假设的愧疚。避免一直叨叨："所有人都听好，我在这附近发现了毒藤，如果有人因此中毒了，那就太可怕了；我们还要小心被黄蜂蜇而引发抽搐，它们可能会咬人，所以你们得跟紧我，这样才能保证安全，并玩得开心！"你可以试着说："好吧，让我们留意毒藤，看到它长什么样子了吗？"然后回家后打钩确认，就像新英格兰人现在经常做的那样。

写这一章的时候，我联系了我的母亲。她婚前的名字是凯瑟琳·玛丽·墨菲（Cathleen Marie Murphy），而她简直是灾难化专家。在爱尔兰天主教大家庭长大的她告诉我，要把所有事情都视为紧急情况。她和"墨菲"一样。墨菲定律指出："凡事只要有可能出错，就一定会出错。"我那位怀孕的朋友也表达了同样的观点。这句话，我听了一辈子，还以为这是一句古老的爱尔兰谚语。后来我惊讶地发现，这句谚语出自航空航天工程师爱德华·墨菲（Edward Murphy），20世纪50年代初，他提出了这个观点。也许他也是在有灾难化思维的家庭里长大，所以每当设备出现故障，都会想到这个解释。

我的母亲是她们家里四个孩子中最小的，而她的母亲海伦一辈有八个孩子。在谈到她的母亲及其七个兄弟姐妹时，她说，"他们总是认为最糟糕的事情会发生"。而当事情真的发生时，大家开始相互指责。最常见的指责是"我早就告诉过你"。在我母亲八、九岁的时候，有一次，她的表妹乔安妮（Joanne）买了一辆新自行车。我母亲一路小跑，跃跃欲

试，我的外婆在她身后喊："你不要骑！会摔倒受伤的！"母亲骑了，也的确摔了，她把膝盖摔破了。"我早就告诉过你。"这是外婆的回应。

我和母亲又讨论了另一句家训——"乐极生悲"。我经常听到有人说这句话，但不知道它的来历。"我的小姨艾琳（Irene，家里最小的女儿）被挠痒痒不停地笑，"我母亲告诉我，"那天晚些时候，她开始肚子疼，后来才发现是阑尾炎。看见没？我们都在笑，结果发生了什么！"她说，悲剧总是近在眼前，而这又是一个证明。

如果孩子们一直沉浸在"是否安全"和"世界末日"的喋喋不休中，被反复提醒着那些无法避免的可怕后果，结果往往会是养育出一个焦虑的孩子，他们没有能力或意愿走出去，拥抱世界。这也是一种艰难的养育方式。如果你总想着最坏的结果，大脑什么时候才能休息？你又怎么能享受和孩子们在一起的时光？当你用灾难化的思维模式控制他们的时候，又该如何教他们做出自己的判断，不断前行？你打算如何看待人生这段时光？是纷至沓来的灾难，还是别的什么？

代代遗传的家庭模式是很难打破的，尤其是当你没有拉开必要的距离去重新审视它时。是时候接受新的观点了。

怎么做

回顾第一章的摆脱重复性消极思维的策略和建议

我不知道我是否遇到过"纯粹的"灾难论者，他完全不会陷入反复思考和焦虑中。回顾前文，看看哪些策略适用于你的灾难化思维。大部分都应该适用。

以下是一些提醒：

- 试着将糟糕的部分外化，从而创造有益的距离，帮你更好地认识宏观的模式，并在其中加入一点玩笑和幽默。

- 请记住，当特定的灾难化情况接连出现时，就会让你陷入灾难化的思维惯性。首先要意识到你有多么"期待"灾难化的人生观，这是做出改变的关键。专注并沉沦于假想的细节中会让你错过全局。

- 在你努力培养新思维方式的过程中，做出细微而持续的调整很重要。预料到并允许这些想法出现，然后有意识地摆脱它们。坚持下去。改变原有的模式通常需要时间，但期间也会有令人梦寐以求的幡然醒悟的时刻。而你正在努力摆脱或扭转长久以来的灾难化思维。

此外，以下这些针对灾难化的建议也会有所帮助。

密切关注灾难化论调

灾难化思维通常比焦虑或精神反刍更严重，它会大张旗鼓地出现。灾难论者喜欢预测那些不可避免的灾难，然后印证他们的悲观主义是有效的。就像我母亲的原生家庭一样，从"事后的幸灾乐祸"可以看出他们的世界观。作家尼德里亚·迪翁·肯尼（Niedria Dionne Kenny）问道："如果大家都做到不去搅局、不去扫别人的兴，那不是更好吗？"灾难论者不是这样。

要意识到，四处散播你的灾难化预测——通常还伴随着对悲剧的灾难化复述——会妨碍你对当下风险的评估。以狗为例，当你向家人宣称"狗会咬人"，这意味着让大家远离狗，你能去的地方，以及你从社交娱乐中得到的乐趣都会受限，包括与一些友好的狗的接触也会被影响！每当家人看见狗，你就开始提醒他们你童年的玩伴是如何被狗咬伤脸的，这无疑会在每个人的脑海里形成一部生动的影片，让他们确信，狗是危险的。如果这些描述听起来和你很像，那就此打住吧！

我有一个朋友，他的家人在挂电话时总会说："我爱你！"每一次都如此。我觉得挺好的，就特意把它说给朋友听。"哦，那是因为妈妈想确保如果我们死了或者被杀了什么的，这句话将是我们对彼此说的最后一句话。"他们可能一直在说："万一我在下一个小时死了，我爱你。"表达爱当然很好，但灾难化的表达还是算了吧！我们想要提供踏踏实实的安全指南（好！），而不是随之而来的可怕解释（不好！）。

直截了当并实事求是地谈论模式改变

如果你正努力改变你的灾难化模式，请让你爱的人知道，并一起观察灾难化论调充斥在你周围的情况。发现别人嘴里说出的灾难化论调往往比发现自己说出的更容易（对于大多数焦虑模式和通常的人类行为来说都是如此），所以练习时，你可以留意那些从别人的嘴里和自己的嘴里说出的话。

你们当地的新闻电台有灾难论的天气预报员吗？危言耸听的标题和头条新闻呢？你的家人和朋友中，谁是灾难化倾向最严重的？你应该允许你的孩子指出你的可怕言论，确保你会收到反馈，因为他们绝对听到了。

我请大家分享他们的家庭中的案例，凯莉（Kelly）回忆了她的母亲灾难化的言行："每当我妈妈出门或把我和弟弟留在车里时，她总会说：'我要把门锁上，这样就没人能把你们偷走了。'她不知道，这让我很害怕被偷走！我弟弟和我现在都长大成人了，母亲告诉我，当我小的时候，她最害怕的就是我们俩被绑架！嗯，我们都知道，妈妈。"凯莉现在会把她所有的门都锁上——基于她所居住的地方的真实情况以及当地的犯罪率等，这可能是一个很好的策略——但我们的目标是，基于最新的数据做出这类决定，以解决问题为初衷，而不是让灾难化思维在家族里代代相传。

练习解决问题的语言

灾难化思维者的注意力几乎都集中在他们不希望发生的事情上。他们过着消极的生活，只知道什么不该做。当他们去理解或考虑某些情形时，他们想象的都是灾难。如果你也有灾难化思维，你可能会把这种思维误认为是解决问题的方法。像重复性消极思维一样，它并不能解决问题——这意味着你可能需要更努力去学会使用解决问题的语言，对自己以及对他人都是。首先，你要知道那些消极结果会自动闪现在你的脑海中，但你需要做的是认识到你的思维习惯，让这些想法就此打住，然后采取建设性的行动。

我记得我的孩子们参加少年棒球联盟时，遇到了一位特别善于启发的教练。他先告诉孩子们**不要做什么**：不要单手接球（你会把球弄掉的），不要投手每投一个球你就挥棒（你会三振出局的），不要慢悠悠地跑向第一垒包（你会出局的）。他花了一两个赛季，才把他（对队里的孩子们）的叮嘱改为**该怎么做**：挥棒击球和投球要匹配；用双手接球；把球夹在棒球手套里；时刻瞄准第二垒包寻找机会；如果球越过了捕手，赶紧用手套去接球！孩子们的棒球打得更好了，也有了更多的乐趣。

让我们从解决问题的角度——而非灾难制造者的角度——来谈谈与狗的接触。先谈论，接着了解接近一只陌生的狗需要采取哪些步骤，包括观察狗的行为，向主人询问狗的情况，然后做出一个合理的判断："那只狗看起来挺友好，不是吗？我们来试试，看看我们的判断是否正确。"或者，"那只狗又叫又跳，我在想我们是否应该离它远点。"或者，"那只狗在咆哮，看起来很生气。我要和它保持距离，或许还得找一根大棒。"

我的嫂子罗宾是我的播客搭档，也是一名专业的旅游顾问。她建议所有的旅行者都准备一个小袋子，装满基础药物和急救用品，这样当你找不到药店或医生的时候，就能从容应对。这是她日常的一部分，一旦准备好了，她就不再谈论它，甚至完全不去想它。那么有灾难化思维的人会怎么做？她会不停地打开袋子去检查里面的东西，或者上网研究某个特定的地方可能会有什么疾病。她甚至会谈论（很多）她新添了什么以及为什么要添加。

解决问题的话语意味着说你希望发生什么，而不是你害怕发生什么。不要说："小心！那只蜜蜂会蜇人！"你可以说："留意那只蜜蜂。如果你能给它点空间，它会更开心的。"

不要说："如果你那样开车，你会害死自己的！"试着说："我希望你开车的时候集中注意力。遵守交规是你的责任。"你还需要少说话，给你的大脑和身边的人留点时间思考和评估。我经常告诉那些焦虑的来访者，在解决问题时需要少说85%的话。不要再喋喋不休了。

当孩子们逐渐长大，我的丈夫会对他们说："往前想一步。"我们没有强调我们不想让他们做什么（诱导他们在脑海里虚构消极的情景），而是希望能树立榜样，鼓励他们解决问题，创造一幅积极行动而非恐惧的画面。随着年龄的增长，我们允许他们独立解决问题。不再提醒他们世界是个危险的地方，而是希望培养他们评估因果关系、管理合理风险的能力。他们现在已经是成年人了，生活并不总是一帆风顺。要解决问题意味着总会有问题，而青少年的大脑是拒绝这种因果思维的。但种子已被种下，在培育的过程中，他们已经具备了基本的技能。

抛弃那些条件反射式说出来的灾难化词汇和冗长故事。那些信息告诉人们灾难就在前方，比如：

小心！

不要和陌生人说话！

到了那里立刻给我发信息！

记住保罗叔叔身上发生的事！

相反，为你的家人想一些解决问题的"咒语"，使他们对好的结果有所期待，比如：

> 提前规划。
>
> 玩得开心，集中注意力。
>
> 动动你的脑子，你很聪明。
>
> 我迫不及待地想听你的探险故事了！
>
> 做明智的选择吧。

不要把灾难化和真实混淆

那些对结果进行灾难化推演和持悲观态度的人倾向于认为别人的乐观是愚蠢的，或者是大意的。他们甚至会摆出居高临下的姿态，好像积极看待问题会让人变笨。我不想这么说，但事实就是，过度悲观（或过度乐观）的人往往对有价值的信息视而不见。这可不是明智之举。一位朋友和我描述他对一个有灾难化思维的亲戚感到很沮丧——"天生执拗"。对于所有被摆出来的证据，他都置若罔闻，而对于所有灾难化的投射，他觉得"就像它们真的正在发生一样"。在这位亲戚眼中，我的朋友太幼稚，他试图伸出援手却被拒绝。"怎么能相信事情可能会进展顺利呢！这多么愚蠢啊！"

要改变灾难化模式，并不需要你过度乐观，也不需要你否认生活中存在诸多风险。我们不需要你完全转向相反的方向。有些狗确实会咬人，孩子也确实会从自行车上摔下来。但是你不必自我标榜为所有不幸和悲剧的敲钟人，也不必去

预期生活中不可避免的苦痛并一一记录下来。

别再跟踪了

在过去的几年里，我一直强烈建议父母不要再使用手机上的跟踪应用程序，比如 Life 360。我也一直在敦促他们，不要再不停地查看来自诸如 Power School 和 Aspen 等学校门户网站的信息和通知。我的这一观点是有很多理由支撑的，我们的共同目标在于培养孩子的自主性、更好的沟通技巧和解决问题的能力。监视孩子一举一动的成年人，其实在传达对孩子和这个世界的不信任，同时又不给孩子机会去锻炼自主能力。我也发现越来越多的孩子在跟踪父母，成年人在相互跟踪。更令人不安的是，青少年情侣互相跟踪，以此来证明自己没有出轨或撒谎。这种要知道对方的确切位置的欲望或要求通常是一个警告信号，是一个标志，提示着一段存在着嫉妒、占有欲和潜在的虐待控制的关系。

如果你也有灾难化思维，跟踪会放大你对确定性的需求（因为坏事会发生），以及你接受模棱两可的信息的能力，并恐惧地做出过度反应。**我的女儿从学校平安地走回家了吗？为什么我的伴侣在那里停了下来？他在骗我吗？我的儿子现在在谁家？我的女儿在自己的宿舍还是别人的宿舍？万一我出了意外怎么办？我想让别人知道我在哪里。**

我听过各种各样的理由，关于为什么跟踪是方便的、高效的、安全的。事实上，我提到的东西几乎没有什么像跟踪一样遭到如此多的反对！请记住，灾难论者认为世界是危险的，并把这个态度传达给他们所爱之人。如果你是一个有灾难化思维的跟踪者，你会基于得到的数据得出最戏剧化和最危险的结论。当然，你也可以在没有跟踪的情况下做到这一点。如果你的伴侣迟到了十分钟，你会推断她掉沟里了，或者做了什么可怕的事情。但是，跟踪应用程序并不能消除你对最糟糕情形关注的内在冲动，反而会助长并加剧这一冲动。

就像我前面提到的，由焦虑的父母抚养长大的孩子，会把这个世界视为一个危险的地方，并把危险投射到所有模棱两可的情境中。我和很多焦虑的父母讨论过，他们认为这是一件好事。他们希望自己的孩子谨慎、畏惧、警惕，因为——他们告诉我——这能保证孩子的安全。吓唬他们很管用。然而，恐惧会导致逃避。没有能力评估合理的风险只会催生焦虑和压抑的世界观，这种世界观现在在年轻人中很流行。

玩得开心！玩起来吧！

听了那么多我的母亲关于她那灾难化家族的细节后，我问她，你是如何从原生家庭出来的。她说她的梦想"就是和自己的家人一起玩得开心"。作为一个年轻的母亲，她并没有有意识地去思考这个问题，但她知道自己的家庭很少有乐趣。我的父亲的家庭也不知道怎么创造乐趣，他们压根就不重视乐趣。"所以我负责找乐子，我必须这样做。我们会在所有搞砸的事情中玩得很开心……这帮助我们度过了很多艰难的时光。'乐趣'就像引路人。"

这似乎是显而易见的，但灾难化思维与乐趣是水火不容的。去海滩玩？小心鲨鱼！激流！严重晒伤！去野餐？当心蜱虫！过敏！雷暴！我想起了多年前我与一对母女的会面。当我提到灾难化思维时，她们面面相觑后哈哈大笑。"我们就是灾难化思维的批发商！"妈妈说，"每次出门旅行，我都会想象可能发生的最坏情况，然后越攒越多。"虽然全家都很兴奋因为要去露营了，但度假前的讨论和准备工作充满了可怕的虚构桥段，从腹泻到水泡，再到膝盖骨脱臼。多么有趣！

在新冠疫情最严重的时期，**安全**比游戏重要得多。我们失去了很多，包括玩耍。因为太冒险了。人们甚至开始认为一切有关玩耍的建议都是不负责的、危险的。比如，在疫情期间，我是本地新闻的常客。每隔几周，就会有主持人来采访我，寻求家庭缓解压力和其他负面情绪的建议。几乎每次，我都会强烈推荐大家出去走走。我鼓励每个家庭变傻一点、好玩一点。在夏天的一个节目中，我建议大家去摘蓝莓（这在新罕布什尔州很流行）。有人看到了这则新闻，找到了我的电子邮箱，给我发来了一篇愤怒的长篇大论。他认为我很荒谬，我怎么敢建议采摘蓝莓！这是专业的建议吗？应该吊销我的执照！先生，无论你在哪里，我都坚持我的建议，"全家一起去玩吧"。在疫情期间，人们很难拥有乐趣，但矛盾的是，乐趣比以往任何时候都重要。现在仍然如此。

当孩子们玩耍时，他们在培养社交技能、执行能力、独立性、自我调节能力、精细运动和宏观运动技能，以及语言能力。在开展新的行动时，他们也在不断地探索边界、不断地经历失败。承担合理的风险是他们所获得的经验的一个重要部分，一些国家开始意识到它的价值。2018年《纽约时报》一篇关于英国游乐场的文章中，作家艾伦·巴里（Ellen Barry）指出了一种从远离风险到给孩子们更多机会培养韧性和勇气的转变："教育工作者和监管机构表示，爱诉讼的呵护文化走得太远了，把所有健康的风险都从孩子们的童年中过滤掉了，英国就是其中之一。英国负责监管健康和安全问题的政府机构在游玩指导方针中指出：'我们的目标不是消除风险。'"澳大利亚、加拿大和瑞典的学校也采用了类似的做法。美国因为担心诉讼，并没有跟进。

你允许你的家人和自己玩得开心吗？你是怎么玩的？不只是作为家长或抚养者，而是你自己？作为一个成年人，你是如何和朋友、伴侣一起玩耍的？是什么样的？你会给自己机会享受喜悦、乐趣和风险吗？多久一次？你对风险的承受能力如何？谁是潜在灾难的唠叨者？

记住，这不是一个非黑即白的命题。你可以给周围的人一些信息和警告。如果你发现高山滑雪选手有 100% 的受伤率（膝盖、背部、肩膀、脖子），你可能会考虑更安全的竞技体育活动。你可以采取合理的预防措施。不过，你也可以限制自己对厄运的预测。如果事情确实出了差错，努力去控制那些严重的情绪反应，包括那些充满责备、后悔和对未来设限的戏剧化宣言。"我告诉过你，这是个坏主意！我们根本就不应该来！我们再也不要做这么危险的事了！"这种严重的非黑即白的反应模式是另一种负面思维，它会加剧焦虑，抑制你对生活的享受。它被称为绝对归因，或绝对化思维，这是下一章的主题。

需要思考和记录的问题
在你的家庭里，谁是有灾难化思维的人？谁允许你承担合理的风险？
"喋喋不休"——也就是不断提醒一些行动有危害和危险——是你的家庭生活的一部分吗？
你的成长经历或内心深处是否因为灾难化的语言和各种回避，对你或你的人际关系产生了影响？
写下四、五句你可能会对家人说的话，这些话将帮助你更负责任地采取**行动**，而不是满怀**恐惧地逃避**。（"我需要你在逃避之前往前想一步。你如何判断这是不是一个正确的决定？"）
你的家人知道怎么找乐子吗？现在对你来说什么是有趣的和快乐的？你是否参加过一些虽然存在风险但是能给你带来乐趣的活动？

第三章

———

走向绝对

负面思维：

笼统的结论和非黑即白的心态如

何让世界变得更小、更难驾驭

Part 03

在你身处之地做点小善事；它们汇聚在一起足以震惊这个世界。

——德斯蒙德·图图（Desmond Tutu）

当你的生活中发生了一些事情，你会怎么解释？你是会考虑具体情形，还是不管遇到什么情况都坚持同一种解释？你是否认为自己是外部环境的受害者，或者对后果过度负责？

你如何得出关于自己、他人和世界的结论，这被称为你的归因风格。如果你趋向于给出笼统的结论，并坚持这么做，或者用粗略的信息代替细节或多样性，那么你的思维方式就是"绝对化"的。拥有这种思维方式的人喜欢使用绝对化的语言，结论中往往会出现"从不"和"总是"这样的词汇。

我们再也摆脱不了这个烂摊子。

没有人会爱我。

他们总是让我失望，所以我不信任他们。

那个人说的任何话都不值得听。

如果你是一个绝对化思维者，你可能倾向于非黑即白的思维方式（我的房子要么一尘不染，要么乱得令人尴尬）。你可能会基于一次遭遇或一个假设就笼统地给别人或自己贴上标签，而不承认特定遭遇的语境和背景，或人们性格的可变性（所有的图书管理员的性格都内向）；或者你倾向基于很少的经验来过度概括结果，或者专注于某一体验的消极方面（度假就是没那么轻松，或者再也没人能做出好喝的西红柿汤了）。

绝对化思维是笼统的——笼统的结论，笼统的问题，笼统的回避。反应和决定都是基于宽泛的、情绪化的或未经检验的假设，你感觉被困住了，不知所措。和其他焦虑模式一样，这种绝对焦虑模式并不是孤立存在的。即使在单句话里，它也总是与灾难化的、消极的、回避的思维绑定在一起。

每次我和别人一起制订计划，最后都会被吓坏并以取消告终。

人多得吓人，所以我不打算去听音乐会了。

我总是考得很糟糕，所以我为什么要上这门课呢？

我们死定了。

绝对化思维的基调就是失望的、被动的。你高估了眼下的问题，感觉无能为力。结果是恐惧或恐慌，随之而来的是闭塞、退缩。我们已经知道焦虑会引发抑郁，这种绝对化思

维模式生动地说明了焦虑和抑郁是如何紧密相连的。它会影响你生活的方方面面。而好消息是，若你打破这一模式，就会迎来显而易见的积极变化。

绝对孤立

几年前，我认识了一个名叫露西亚（Lucia）的中学生。露西亚一直非常焦虑，想要融入集体，被人喜欢。在她上七年级的时候，这种焦虑达到顶峰。到了 10 月中旬，她就经常拒绝上学，每周至少缺勤两天。她对校园生活的控诉里充满了绝对化的语言：**没人喜欢我，所有的老师都讨厌我，我永远无法融入大家**。因为非常担心别人的看法，她的焦虑很快导致了负面的结论，"怂恿"她逃学，这让她验证并延续了她的绝对化结论。就这样不断地发展，如果不干预，我敢肯定她在高中前两年就会变得抑郁。焦虑会让她无法继续学业和社交活动，如果不寻求帮助，她会越来越落后，孤立感也会与日俱增。

露西亚的父母说服她来见我。她对治疗师的看法也很绝对。她的母亲告诉我，她确信我会很烦人，穿凉鞋配袜子，并使用这样的口头禅："再多说一点。"当她出现在我的办公室里——起初并不开心——我努力改变她对治疗和治疗师做出的绝对化的判断。我们一步一步地研究她的焦虑模式，努力改变她总是急于得出绝对化结论的习惯，对每一个绝对化结论的内容稍加关注，主要关注得出结论的过程。退一步思考，质疑自己的思维模式，是她需要学习的关键技能。

她现在做得很好，是因为"绝对化思维上线"时她说的那些话很容易被她自己和她的父母发现：**我永远也搞不明白这个；我是个失败者；没人懂我。**在她压力最大的时候，通常是她进入新的环境感到不确定的时候，这一思维模式就会上线，其目的就是让她保持孤立和被动，所以她现在知道，此时此刻，她必须采取积极的行动。相比她第一次见我时坚持的"一无所有"的座右铭，"**接下来我需要做什么？**"成了她的新口头禅。（我要在此郑重声明，我从不穿凉鞋配袜子。）

绝对乐观？

但是等等，你可能会想，不是还有些人是绝对乐观的吗？一切都会进展顺利！

皆大欢喜！

就连特蕾莎修女（Teresa）也会给出绝对化的结论："无论你去哪里，都要让每一个来找你的人在离开时比之前更快乐。"

绝对乐观的人不会常来我的办公室求助，因为他们关注好的一面。但努力成为绝对乐观的人也会有不好之处。最近，我开始听到并更多地谈论"有害的积极陷阱"。例如，如果一个女孩刚刚被人以某种方式拒绝，善意的成年人努力安慰她"这是最好的安排""不应该感到难过"，他们可能在传递这样的信息：不能给悲伤或其他负面情绪留出丝毫空间，所有的经历都有它好的一面。如果问一个悲伤的人遇到绝对乐观的人是什么感觉——"他现在有了一个更好的归宿""即使时间很短，至少你曾拥有她""她不想让你悲伤！"——这些带有好的初衷的劝解往往给人的感觉是不屑一顾或麻木不仁。

我当然承认，从长远来看，绝对乐观的心态可能危害更小，但无论是绝对乐观，还是绝对悲观，都会妨碍我们处理一系列体验、情绪和人际关系。在面对生活中的挑战时，保持灵活和细致是维持情感健康和与他人连接的关键。绝对化的方式会影响你看待世界的态度，以及你如何看待自己和他人，也许最为重要的，是它会影响你解决问题和应对挑战的方式。讽刺的是，绝对化思维无处不在，所以，我们来细分一下。

用绝对化思维看世界

因为焦虑寻求的是确定性，所以从绝对化、非黑即白的角度看待世界，就更契合你内心焦虑的那一部分。如果所有的狗都会咬人，那么远离所有的狗，你就安全了；如果你认为所有的桥都将垮塌，所有的飞机都会掉进飞行死亡陷阱，避开它们会降低你遭遇灾难的概率。这样一来，你觉得绝对化思维还挺好的。这些宽泛的分类给你的生活提供了一些法则。你努力消除模棱两可、不确定性和风险。你感到安全、舒适。真的如此吗？

如果你是一个焦虑者，绝对化认知也会强化你的消极、可怕、灾难化的思维。趋于绝对化的焦虑会积少成多。准确并不是那么重要。焦虑会让你将接收的信息视为真理，即使那条信息是假的——这就是问题所在，绝对化思维通常是笼统的、可怕的——有时还是错误的。

有一个很好的例子是 20 世纪 80 年代突然冒出来的"陌生人危险"项目。这些旨在保护儿童不受伤害的项目成了标配。尽管被陌生人绑架——尤其是幼儿绑架——非常罕见，而且几十年来一直如此，但学校课程、电视节目和牛奶盒广告让人感觉陌生人危险无处不在。值得注意的是，当"陌生人危险"的概念被广泛传播，孩子们被告知"所有陌生人都是危险的"，**即使他们看起来很友好**。更值得一提的是，在过去的几十年里，这些旨在防止绑架的宣传的有效性接近于零。这些项目并没有传授什么有效的技能。

这是绝对化思维的一个例子。它扭曲了我们对陌生人绑架风险的认知，但或许更重要的是，它片面地"教导"孩子，所有的陌生人都是危险的。当我和年幼的儿子在游乐场走散，他们会去找入口处的保安，因为我教过他们去找佩戴名牌或穿制服的工作人员（有些父母告诉孩子去找带着孩子的妈妈，这也是一个有用的方法）。在那个公园里，我的孩子周围全是陌生人，我相信大多数人都会提供帮助。如果我告诉他们所有的陌生人都是危险的呢？如果我自己也相信这一点呢？你曾有多少次因为陌生人的善意而受益？

如果你是一个偏爱灾难论的焦虑者，危险无处不在的绝对化思维会让你选择逃避。有些经历你永远不会有，有些地方你永远不会去，有些人你永远不会见，有的工作你永远不会去尝试。你将不顾任何具体因素间的差异，绝对化地套用这些回避策略。

有一家人来找我咨询，我立刻注意到家中的两个女儿以芭蕾舞演员的姿势端坐于沙发边缘。一开始我什么也没说，但由于我们正在研究这家人关于一些严重恐惧症的僵化模式，几分钟后，我询问她们为什么这么坐。"到处都是虱子，"其中一个女孩说，"我们从不坐任何布艺家具。"我问她们，上学怎么办？看电影怎么办？去朋友家怎么办？她们如何确定虱子风险的高低？她们回答，最好不去，她们的母亲在一旁点头表示赞成。

我的一个熟人在当地一家餐厅吃完晚饭后食物中毒了，我能理解他再也不会去那家餐厅。生病的记忆和对食品安全把控的松懈让那家餐厅成了没有食欲的代名词。但这个人居然发誓再也不去任何餐厅吃饭了。**永远。**

有人曾经告诉我，他们永远不会去山上徒步，因为山上有熊。熊？世界上有很多地方都有山，却没有熊。况且森林里的许多熊都不想和人类有什么瓜葛。如果你和我一样住在新英格兰，而且真的想避开熊，那么你可以选择在熊冬眠的时候徒步（但要做好面对冰天雪地的心理准备，你被冻死的可能性要比被熊吃了的可能性大得多）。在这个国家的某些地方，熊会是潜在的危险吗？当然。我去那里徒步过，确实很危险。我们需要基于已获得的信息做决定；比如，一只灰熊妈妈和两只幼崽被发现在某个区域，于是我们换了一条徒步路线。

人确实会长虱子，会食物中毒；熊有时会吓唬或袭击徒步旅行者。坏事总会发生，所以减少一点对于世界的绝对焦虑并不意味着让你忽略所有风险。**有时候**，绝对化思维是有代价的。（我可以绝对自信地宣布，我永远不会接近一只正在保护幼崽的灰熊妈妈。）但要摆脱绝对化立场，你必须考虑当下的语境，对新的信息保持开放的心态，并根据需要适时调整。并不是所有的陌生人都是危险的；有的餐馆的饭菜会让你吃完生病，但很多餐馆都不会这样。

如果你总是很绝对，你该如何加以识别？

不那么绝对化的你

从小到大，你被视为是聪明的、好动的、害羞的，还是吵吵闹闹的？你是否被描述为你父母的缩小版，也就是所谓的"迷你版的我"？说实话，当我听到父母用这样泛泛的术语来描述自己的孩子时，我有点发怵。比如，"这位艺术家""这个叛逆者""这个天使"……人是会改变和成长的，但我看到的是很多孩子、青少年和成年人被困在这些角色中，被困在自我设定的这些认知中——"家里的宝贝""负责任的人""臭小子"，等等。

你小时候害羞，并不意味着你一辈子都会这样；酗酒者会变得清醒；"沙发土豆"（天天躺在沙发上看电视的人）决定跑马拉松，铁人三项运动员开始久坐不动。你可能会幽默地调侃你的好朋友，但当你作为老师走进一年级的教室和学生打招呼时，你会选择把这部分的自己藏起来；你可能有强烈的政治信仰，但在拜访祖父时你会觉得少说为妙。你不是什么潮流时尚人物，但也不是注定一成不变。焦虑的超能力就是**让你寸步难行**，所以绝对化地非黑即白、一概而论是行不通的。

可悲的是，在我看来，这种以绝对化的语言去界定自己和他人的趋势愈演愈烈。30多年来，我一直在从事这一行业，帮助人们去改变、成长和康复。但在过去的 10 年里，大家越来越喜欢使用绝对化甚至是永久性的语言来强化焦虑和抑郁，这恰恰有悖于这一行业的使命和初衷。这些人就来自于行业内部——并非所有人都如此，但人数也足够多了。现在，很多人不再关注那些能让人改变大脑（神经可塑性）反应从而形成新路径的技能和连接，而是把焦虑和抑郁统称为疾病和障碍。焦虑确实会导致障碍，但绝对化地将自己界定为永久性焦虑，并基于这种绝对化的定义去生活是有害无益的。

就像你可能片面地认为所有的狗都会咬人一样，你也可能认为你"就是一个焦虑的人"。当你把焦虑看作是你的性格中永久存在、占主导地位的固定配置，而不是偶尔冒出的"另一部分的自我"时，你就会相应地采取行动。其他人也一样。最后你果真符合这些预期。我和高中生、大学生说话时，经常会说："了解自己很重要。因为你做的一些事情会让你更加焦虑和抑郁，但你可以做一些事情去改善它。"你需要了解你的内在运行系统，这样你才能随着你的成长进行调适，减少风险因素，并不断培养那些技能。"

当我第一次这么直白地说出来的时候，我惊讶地发现一些学生对此感到很生气。我甚至被"嘘"了！我以为我是在给他们提供有益的、正面的信息，告诉他们该如何获得幸福。但在他们看来，我所做的，是在指责他们。

"我有病！"一个年轻的女孩冲着我喊叫，"这就是我，

我的目标就是让我自己和所有人都接受它。"

太可惜了。绝对化模式已经形成，但这不是她的错。她被教导如此。她现在绝对地接受了对自我的这种看法，任何与之冲突的观点都会遭到她强烈的反对。她会为这一认同而战。这曾经是她对自我的认知，或许现在依然如此。

如果你认为自己是一个极其焦虑的人——如果你认为焦虑是你不可改变的主要部分——那么你会做一些让情况变得更糟的事情。你会任由身体内焦虑的那一部分占据主导。你会寻求确定性，会逃避，会坐以待毙，那恰恰是你的焦虑希望你做的：维持现状。

这种模式可能会以很细微的方式影响你。你永远不会坐飞机，所以你不会去世界的其他地方，也不会去波多黎各参加表弟的婚礼；你总是避开人群，所以你在女儿的独奏会或毕业典礼上站在后面。你仍然可以看到她站在那里。你的家人明白**这就是**你，所以他们会配合你，适应你的规则，直到他们没法再配合或不愿意配合。

我的一位熟人莎伦（Sharon）常常把自己比喻为"一个焦虑的烂摊子"。她告诉我："大家都知道我无法应对压力，所以我们会绕开它。""比如，我根本不可能在高速公路上开车，所以完全不需要提这个建议。"后来，她的女儿——不再愿意"绕开它"——和她的新任丈夫搬到了好几个州之外的地方。不久之后，她的女儿怀孕了，她希望莎伦能在宝宝出生后来帮忙。莎伦脸都绿了，她要怎么去呢？女儿怎么能提出这样的要求呢？女儿让她产生了罪恶感！"我是不会开车上高速的，没得商量。"她说，"她知道这一点永远不会改变。"

创伤专家丽莎·费伦茨（Lisa Ferentz）在 2016 年撰写的一篇文章中描述了她如何从一名专注于创伤病理学的新手治疗师，成长为一名意识到我们是由很多部分共存的高级治疗师：伤痛的部分、强大的部分、破坏性的部分、创造性的部分。关于她在 20 世纪 80 年代的培训，丽莎写道："如果有机会，受过创伤的来访者也许会重新获得内在的力量，但很少有人注意到这一点。所有的焦点都集中在病理层面，难怪治疗师倾向于把来访者视为一团功能失调和痛苦。"（请读者注意：如果你正在寻求心理咨询，请务必选择一位擅长赋能的积极治疗的治疗师。）

丽莎慢慢发现，来访者最令人沮丧的行为——创伤后遗症——是他们的生存策略，而且是创造性的策略。她非常聪明，富有同情心，于是开始帮助来访者去发掘他们受到创伤的内在部分，以及寻求疗愈和蓬勃绽放的部分。她希望人们承认自己的创伤，但不因此束缚自己。当丽莎了解了"积极心理学"——20 世纪 70 年代末由马丁·塞利格曼（Martin Seligman）提出的框架，以及心理学家劳伦斯·卡尔霍恩（Lawrence Calhoun）和理查德·特德斯奇（Richard

Tedeschi）共同提出的"创伤后成长"（PTG）概念后，她从那种过于绝对的、病态化的方法——不幸的是，我也曾接受过这种方法的训练——转向了一种更灵活、更赋能的方法。她把那些受过创伤的来访者视为**许多部分**的集合体——有的痛苦，有的鼓舞人心，并帮助他们用同样的视角来观察自我。丽莎用管弦乐团打比方："对我来说，指挥疗愈性交响乐团的概念越来越能引发共鸣。我把来访者的五花八门的经历、思想和情感统统视为管弦乐的一部分。"

很多焦虑的人都经历过创伤，60%~70% 的焦虑者还需要面对抑郁——我们所有人在童年或成年生活中都经历过一些担心、恐惧和悲伤。这并不是说要去否认或淡化这种挣扎。事实上，很有必要找个人帮助你厘清你的过往，发现你身上并存的很多部分，让你走出绝对化的思维框架。没有一种经历（无论重要与否），能让你把自己绝对化地界定为焦虑的、恐惧的或受创的，它不是准确的、有益的。你不是单一体，你是一首交响曲，充满优美的乐章、错误的音符、遗漏的线索以及不计其数的人类瑕疵。

完美主义：要么最好，要么一无是处

完美主义是一种彻底绝对化的、非黑即白的立场，它带来的影响是深远的。如果你不够完美，那么你就是失败者；

如果你没有赢得每一场比赛，那么你就是失败者；如果老板给你的某个项目负面反馈，或者让你修改其中的某一部分，你就是个彻头彻尾的白痴。这种非黑即白的思维方式助长了焦虑对于确定性的需求。对自己或他人的绝对期待，使你不给犯错留有任何余地，不给尴尬留有余地，也不给修复或康复留有余地。

这类思维很难被忽视，现代社会到处都充斥着鼓励我们做"最好的自己"的消息。从表面上看，它们很吸引人，希望能鼓舞人心。

做任何事都要追求完美！

只求最好！

只要全力以赴，一切皆有可能！你还记得这句脍炙人口的话吗？

每一天，我都从方方面面变得越来越好。

哇！

我们的文化鼓励完美主义。我们喜欢赢家，喜欢那些克服困难、比任何人都更努力去赢得比赛的人。做到最好，就等同于名利和崇拜，没有犯错的余地。成功通常是由我们所看到的外在的完美主义的标准来衡量的。不可否认，作为旁观者，我们乐于欣赏完美主义催生的外在结果。我认为我自己就属于容易被这种故事吸引的人。

尽管参与者付出了高昂的双重代价，包括情感的和身体的，但作为旁观者，我们对成功和完美主义融为一体感到赞赏和钦佩。完美主义会创造成功的表象。要承认这种刻板的、非黑即白的文化会造成焦虑、抑郁和身体伤害很难，但的确如此。如果你需要确切的例子去证明完美主义和非黑即白的思维模式带来的压力，不妨看看奥运会体操比赛，一个小的失误就会让运动员出局。平衡木上的一个小失误就会让她们无缘领奖台，太令人不安了！简直不可思议！但如果我们稍加关注，就会发现这些年轻人早已敲响了警钟。他们告诉我们，这种完美主义文化的代价是高昂的。当我们眉飞色舞地宣扬"努力就会有回报"这种高度商业化的故事时，他们却在讨论伤痛、饮食失调、焦虑、抑郁，以及被否认和隐瞒的长期药物滥用。

2021 年，由迈克尔·菲尔普斯（Michael Phelps）参演的纪录片《金牌的重量》（*Weight of Gold*）直截了当地探讨了完美主义、心理健康等问题，以及奥运选手竞逐金牌的压力。该纪录片介绍了那些达到预期目标的运动员，比如菲尔普斯和速滑运动员阿波罗·奥诺（Apolo Ohno）；也介绍了那些没有达到预期的运动员，比如田径明星洛洛·琼斯（Lolo Jones）在夺金的最后时刻被跨栏绊倒，还有滑雪运动员博德·米勒（Bode Miller）这位最有希望夺冠的运动员最后没有摘得一枚奖牌，这让全世界震惊，他也因此饱受媒体诟病。无论是否摘得奖牌，这些奥运选手们都谈到了他们曾经历的那种非黑即白的生活，以及当这种单一的身份消失时他们所经历的情感崩塌。他们说，抑郁是意料之中的——在冲击金牌的道路上，这是没有被提到的很重要的部分。

22 岁的美国花样滑冰运动员萨沙·科恩（Sasha Cohen）在 2006 年奥运会长距离项目比赛中摔倒，最终获得银牌。她意识到成功的压力和失败的经历让她难以承受。谈到奥运追求的巅峰，她说："我们是奥运选手，我们不确定除此之外，自己还有什么别的身份。"菲尔普斯在纪录片的结尾说了一句话，绝对完美主义者都能理解，即便不是世界纪录保持者的人也能理解："当你把一生都投入追求如此单一的目标，将一切都抛于脑后时，会出现一个终极问题：现在该怎么办？更大的目标是什么？我是谁？"

这些例子都很极端，但我也看到完美主义在父母和孩子的日常生活中发挥的作用。代价同样是巨大的。"你必须把事情做得完美"，或者"除非你一直全力以赴，否则那件事情就不值得做"，这样的想法是令人疲惫的、不切实际的。不管你是默默失败了，还是你的故事被公之于众了，追求成功的压力就在那里。

我永远不会忘记与一位拥有两个女儿的母亲的谈话。在一次社区演讲后，她走到我面前告诉我，她是一名医生，为了实现自己的目标，她非常努力地工作。她的父母是外来的移民，希望自己的孩子获得成功。"成为最优秀的人"，是她的原生家庭所信奉的价值观，而且得到了回报。现在困扰她的是，这种心态可能会对她的育儿方式产生影响。当女儿们没有"逼自己"，或者不想参加某项活动时，她能感受到自己内心的焦虑。如果她上二年级的孩子在拼写测试中漏掉了一个单词，或者做数学习题错了一道题，她们就会一起坐下来，直到她的女儿（通常是泪流满面的）答对。

"孩子们晚上睡着后，我就开始熬夜收拾，确保房子被收拾得漂漂亮亮的。"她说。最近，她开始在孩子们的玩具屋里布置家具和小玩偶，让孩子们能在她认为有价值的场景里玩耍。她说，每时每刻都是教育孩子的好时机，这种育儿方式在她周围引起了很大反响。那就是不能错失任何教育机会。

"我一直都很焦虑，工作压力很大。我被人期待能做到完美。我想成为一个完美的妈妈，我也想让我的女儿变得完美，但你却告诉我，这会毁了她们。"

晚上九点，置身于礼堂熙熙攘攘的人群中，我无法解决她的难题。但即使是在那五分钟的交流中，我也温和地指出了她的僵化和恐惧，正是这种僵化和恐惧驱使她不断追求完美、走向绝对。这并不是她的凭空想象。如果她在学生时代不能全部拿到 A 的成绩，她就不会被下一个顶级项目录取。而当她成为一名医生，她犯下的任何错误都会让他人的生命和自己的事业岌岌可危。那时候的竞争多么激烈，她又背负着多么高的期待？所以，如果她现在对女儿放任不管，她们以后又该如何获得成功呢？一着不慎，满盘皆输。

她生活在紧张之中，就好像她在奥运会上不断地在平衡木上表演。

正如我说过的，要改变这一点需要一种更细致入微的态度，允许灵活和调整。对于一些人来说——比如这位成功女性，这意味着要对自己和自己的成就进行更均衡的评估。她当然犯过错，但她挺过来了。而且她不可能是一个完美的妈妈，她的女儿也不是完美的小孩！她爱她的女儿，用心养育她们；如果这个家庭被毁了，地球照样会转。但她会忽视或低估这些经验吗？她是否学会了把灵活等同于失败？我敢打赌是的。她总是预期灾难会发生，想象最坏的情况，她会失眠。"一步错，步步错"这句箴言一直在她脑海里盘旋。这一切都让人感觉如此危险。绝对化思维和灾难化思维的关联非常紧密。我希望你能了解这些潜伏的模式是如何关联在一起的，以及它们如何开始逐渐掌控局面。

以爱之名的绝对化

本章中提到的许多带有绝对化反应的例子都有一个共同点：对人际关系产生影响。莎伦错过了外孙的降生，对女儿

搬家的决定感到不满。拥有完美主义思想的医生在育儿之路上的恐惧多于乐趣。中学生露西亚逐渐退出社交圈，而此时的社会交往对她的健康至关重要。

人际关系中的绝对化思维与其他的绝对化思维并没有什么不同。请记住，这本书的目标是帮助你发现更通用的过程和模式，而不是纠结于具体的内容。但我特别提到绝对化思维和人际关系，是因为绝对化思维和关于人际关系的那些陈词滥调在我们的文化中很常见，在外部治疗和自我疗愈的情形中也很常见。倘若你把这些关于人际关系的绝对化陈述奉为真理，会付出高昂的代价。

米歇尔·韦纳-戴维斯（Michele Weiner-Davis）是一位备受赞誉的婚姻治疗师和畅销书作者，她在职业生涯中一直在反对那些"公认"的关于人际关系、离婚和背叛的绝对化观点。她敏锐地意识到这么做的代价，呼吁治疗师和夫妻们远离这些宽泛的回应、标签和假设。她把焦点放在一段既定的关系中可能发生的事情，以及改变这些模式所需的行动上。我请她罗列出了她遇到的最常见的、最具破坏性的绝对化观点。下面是她的一些分享：

如果你爱我，你就会知道我需要你做什么。

如果我们的婚姻幸福美满，那么同样的事情对我们双方而言都会很重要。

如果你必须努力经营婚姻，那说明它是有缺陷的。你无法找回"恋爱"的感觉。

人是不会变的。

有一次出轨，必会有下一次。

我还要加上我最喜欢的一部电影——1970 年瑞恩·奥尼尔（Ryan O'Neal）和阿里·麦格劳（Ali McGraw）主演的经典影片《爱情故事》（*Love Story*）里的台词：

"爱意味着永远不必说对不起。"

绝对化思维及其固有的僵化会破坏人际关系。妄下结论、给人贴标签会破坏婚姻，使家庭破裂、友谊破碎。这并不是说，每一段婚姻都需要被挽救，每一个家庭成员都需要被拥抱。我们不应该走向绝对化的反方向来制衡绝对化。但在很多情况下，我们的目标是质疑那些让你与他人割裂的宽泛而无从挑战的观念。这一立场的附加代价是巨大的，因为它加剧了**内心孤立**。这种模式被疫情、社交媒体和我们当下的分裂状态放大，以至于我不得不用接下来的整整一章来讨论。

怎么做

绝对化语言预警

我和来访者常玩一个游戏——在日常生活中发现那些绝

对化语言。如果你有孩子，那么这会是一个增强大家意识的、有趣的好办法。

孩子沮丧的时候会使用绝对化语言："你从来不让我们玩！""我的老师总是给我布置很难的作业！"

父母也一样："你总是在打电话。"

一位焦虑的母亲在我的办公室对她的女儿说："我绝不会让你发生任何意外！明白吗？绝不！"

再听听那些为了让你感觉更好的广告，它们指出，我们面临同样的问题，因此我们需要绝对一样的解决方案。你和其他人一样能力不足，需要改善。我每次听到波士顿地区的一个电台广告都忍不住咯咯笑。在这则广告里，一个名叫大卢（Big Lou）的人在推销寿险。广告是这样开头的："糖尿病药、高血压药、焦虑药……每个人都在吃药！"

他的标语是："给大卢打电话。他和你一样，也在吃药！"从概率角度来说，他是对的，但我认为这有点绝对。

那么爱情喜剧和经典歌曲怎么说呢？（我要提前道歉，它可能会毁了你的观影和听歌体验。）威利·尼尔森（Willie Nelson）唱道："你一直在我的心里。"多莉·帕顿（Dolly Parton）写道："我永远爱你。"1977 年，卡莉·西蒙（Carly Simon）在詹姆斯·邦德（James Bond）的主题曲中唱道："没有人比你做得更好。"我得为滚石乐队的特立独行喝彩:"你不可能总是得到你想要的,但如果你偶尔尝试一下,你可能会发现,你会得到你需要的。"这就没那么绝对化。

注意你是在何时、何地听到的这些绝对化语言,是工作场合?家里?听气象学家说的?你会多轻易接受和相信别人的绝对化归因?你使用绝对化语言的可能性有多大?(如果没有别的因素,对这种语言加以留意,你就不会那么容易沦为那些信誓旦旦的广告的牺牲品。)

如果你对别人的这种特质感到遗憾——例如,它助长了偏执——那么你要注意,你有多么频繁地把绝对化的批评指向自己,这是很重要的。你给自己下了哪些结论?你如何评价自己的能力?这些绝对化的陈述和观念是如何显而易见或悄无声息地让你陷入困境的?

从细分的角度去思考和行动

你此刻正留意并听到了周遭的绝对化语言,你努力以一种自然而然出现在你的脑海里的**细分思维模式**进行思考和回应。意识到你的生活经历是由多少不同的部分组成的——你、他人、各种任务——这与绝对化是相反的。虽然绝对化思维有点笼统,并往往和灾难化思维相伴,但细分思维帮助我们放慢步调,进行分解,并为我们提供有益的距离以便我们进行剖析。

细分思维之前提过。我们在第一章中通过给它起个名字并观察其可预测的模式，将重复性消极思维部分外部化。丽莎·费伦茨谈到发现和重视人的各个部分是很重要的，她帮助人们改变了受到创伤后的想法。我经常告诉父母们，要把养育看成一系列的章节，有不同的标题。在这条养育之路上，我们需要很多技巧。这同样适用于婚姻和事业。

打破绝对化回应（不完美地）

当你转向细分化思维模式时，你必须不断努力地打破绝对化回应和绝对化预期，并承认排序和区分的价值。这些都是你可以培养的具体技能。你会进步，但你无法做到完美，因为你的情绪——正常的人类情绪——会做出反应，有时也会与你作对。

在你不知所措时，往往会失去细分的能力。当你愤怒或害怕时，你不可能后退一步去分析当下情形的不同方面，这是正常的，也是意料之中的。在最初的反应中，你的大脑中更精细的部分是没有被启动的；你被大脑中负责情绪化和生存本能的那些部分掌管。这些部分被统称为"边缘系统"，大脑反应系统中的关键区域是海马体、杏仁核和下丘脑。大脑里的这些部分会在无意识中快速评估和反应，从而保护我们的安全。但这个系统并不总是准确的，正如我们在灾难化思维中所学到的那样。

因此，我们的长远目标是尽快摆脱绝对化思维，并确保绝对化反应不会因时间推移而固定下来，免于被质疑。

你还要知道这一点：没有人能完全摆脱绝对化反应的影响度过一生。在某些情况下，你会发现自己似乎二者兼有，或者在绝对化的、压迫性的思维模式和细分化思维模式之间来回切换。我们的目标是让自己尽快从那种极其刻板的绝对化思维中解脱出来。

我在游乐场找不到儿子的时候，有过一瞬间纯粹的恐慌。我一转身，孩子们就不见了。我是负责照顾他们的唯一的成人，但他们却**不见了**。我记得我疯狂地扫视着这片区域，沿着刚走过的路往回走，不停地呼喊他们的名字。在最初的时刻，我体内的一切感受都**很剧烈**、**很明显**：剧烈的心跳、瞪大的双眼、大声喊叫、深深的恐惧、脑洞大开的幻想。而且，那个公园也很大。（我很快发现，除了我那两个特别小的儿子之外，唯一看着小得不起眼的是值班保安——两个年轻人。"我们正在减少值班人员。"我最后找到的那个人说。）但愣在那个大得让人不知所措的区域是不行的。我需要**细分化思维**：我需要采取哪些行动？我开始变得有条不紊，前往礼宾亭。"有人会把他们带过来。"那个人告诉我。

我去检查了一下我们的汇合点。又回到亭子里。我又去正门看了看，接着回到亭子。过去了一个多小时，孩子们终于到了。他们告诉我，他们也想了一个方案。"我们觉得经常会有孩子在这里走丢。"他们说。他们找了我几分钟，然后决定去汇合点。（事实证明，我走错了地方。）我没去那里，于是他们就去了正门寻求帮助，并被带到礼宾亭。我们都很着急，但我们并没有"绝对化"，至少没有被绝对化的思维耽误很长时间。但别搞错，我们也有过绝对化的时候，我们都是不完美的人。

你和我一样，也会搞砸，走向绝对化。和所有人一样，改变这种思维模式就是要做出调整。我不希望你反复思考你反刍的习惯，或者把你的灾难化思维对孩子的影响灾难化，或者绝对化地告诉自己你永远**不会再如此绝对化**。

相反，这是一种持续的方式，要温柔地纠正自己，并向你的家人展示它应该是什么样的。如果你在沮丧的时刻变得绝对化，大声喊叫："你们这些孩子从来不帮忙做家务！"接下来你就可以制止自己："好吧，对不起，我重来一遍。那样说太绝对了。上周，你们帮了大忙；今天，你们快把我逼疯了，因为我已经叫了你们五遍，让你们把家里的垃圾捡起来，但是你们都没有做。"

人们经常告诉我，从理智上，他们理解我说的话，而且认为很有道理。只是在那个当下很难理解。是的，确实很难。这就是为什么有必要，以及我为什么要鼓励大家进行事后分析。如果你对你的家人或伴侣说了一大堆绝对化的、情绪化的话，过会儿你再说："你听到我刚说的那些绝对化的东西了吗？请让我重来一次。"当你后退一步，为你说过的话负责，那么你其实是在示范什么是灵活性和自我觉察，减少埋怨。给自己一些犯错的时间和空间。就连特蕾莎修女也会使用绝对化的语言。

而且，爱其实**意味着**说"对不起"，千百遍。

区分法

区分法是指当你处理别的事情时，能够接纳你的某一部分或某一段经历。你告诉自己，**我需要把这一部分放在一个单独的盒子里，这样我就可以专注于另一件事**。在一项任务的截止日期逼近的时候，你可能需要搁置你和家人的冲突，更好地专注于工作；在陪伴十几岁的孩子时，你需要从工作压力中抽离出来，保持与孩子的连接和对孩子的关注。在疫情期间，许多人深深依赖的区分和独立空间消失了，常见的后果是感到不知所措和焦虑。父母们试图一边工作一边照顾蹒跚学步的孩子。那些本能完成课业的孩子，现在每节线上课都有家长旁听（并评论）。当然，我所有的治疗课程在这段时间也都是通过视频进行的，许多人都盼望着能回到我的办公室，因为他们想要自我空间，想回到我的办公室的隔间里。

在生活中做一些区分对我们很有帮助：一个明确的工作或学习的地方，或者对需要完成什么，以及谁需要在哪里，有时间限制和明确的期望。然而，焦虑的人即使外部的区分做到位了，也不具备内在的区分能力。这听起来是不是很熟悉？在第一章中，我描述了过度思考的陷阱。我们总以为想得越多越好。如果你容易走向绝对化，那就努力有意识地允许自己解决问题，然后从把你淹没的绝对化论断中解脱出来。"我必须完成这个项目，所以让我在适当的地方设置一些最后期限，慢慢开始一点点完成它"，与绝对化的"我永远没办法把整个房子收拾干净！"听起来完全不同。

区分法还可以帮助你应对意料之中的反复出现的压力，同时不会让它侵占和破坏你的全部生活。当你必须做一些你已经知道会不那么愉快的事情时，区分法是有帮助的。例如，你讨厌去看牙医，但你负责任地为自己安排了牙齿清洁。你成功地将你对牙医的厌恶转化为为自己的牙齿健康负责。你选择了行动，而非逃避。你打算去牙医那里。既然你已经决定了，那么绝对化的论调以及对牙医预约的消极期待有什么好处呢？没什么好处。

我非常害怕去看牙！这是最糟糕的！

每次刷牙的时候，我都会纠结于我和牙医的预约（可能是 8 个月或 10 个月之后的预约）！

我从来不喜欢去……我总觉得他们会发现什么问题。

如果你的牙齿总体来说很健康，那么你每年看牙医的时间可能不超过两个小时，但你却经常被你对牙医的绝对化想法绑架。你对去看牙有一种习惯性的恐惧反应，而且你几乎每天都会深陷其中。牙医不是问题所在，问题在于你的绝对化想法。

你怎样才能更中立地看待牙医呢？那听起来会像什么？

注意下面这些句子的含义，语言的转变是如何让看牙这件事变得更切合实际（一年一次，一次一个小时）的：

我真的很喜欢我的牙医，但老实说，我不喜欢那40分钟的刮牙。

幸运的是，我的牙齿很健康；有趣的是，主动去看牙就是为了让我不必被迫去看牙。

一年两次，当我坐在牙医的椅子上时，才真真切切地在看牙；当我没去看牙的时候，就没有必要去预演，因为我能处理好看牙这件事情。

菲奥娜（Fiona）是一名患病的少女，她每周必须接受一次注射，每周二晚上她的父母在家为她进行注射。刚开始注射时，她一直在想着这件事。注射本身其实只花了五分钟，但她在一周的其他六天时间里都在想着这件事。周二晚上到周三，她的焦虑会稍微缓解，但很快又回归原样。我们的目标就是让这个常规的事情变得微不足道，而不是被放

大——把注射的体验限制在注射本身，而不是让注射和疾病全面影响她。

菲奥娜需要改变她对注射的看法，她需要一个新的剧本。通过练习，她能注意到自己对于这一事项所使用的绝对化语言，与实际过程相比，她的预期时间要长得多、痛苦得多。她现在会重新定义注射这件事情，把它视为幸福、充实生活的一部分。注射只发生在她非常了不起的自我的那一小部分。部分，不是全部。有点疼，但只是局部疼，而且很快就好了。她会和父母一起完成这件必须完成的事，快要开始的时候，减少令人不知所措的（天马行空的）讨论、预期和反应。通过使用这种区分法，她再也不用把大把的时间全部耗费在讨论和思考这一体验有多么糟糕上了。

最后提醒大家：使用所有技巧，都不要在反方向上走得太远，也不要把它们区分得太绝对或太死板。保持一定的距离、暂时搁置一些事情是好事，但如果你开始进行绝对化的区分（**我再也不会去想这件事了，或者我再也不会让自己那么难过了**），你就是在割裂自我的某一部分。如果菲奥娜的目标是完全不去想注射，不去感觉注射，假装注射压根不存在，那么我们就不可能取得这么大的进展。消除策略是不管用的。焦虑会一直存在。预期它的发生，允许它发生，并在它到来时做出不同的回应。

排序法：把马放在车的前面很重要

排序法是把一个事件或任务分解成简单的步骤，然后**把这些步骤按顺序排列**。语言病理学家经常教孩子们清晰地表述，讲故事要有开头、中间和结尾。另外，有执行功能问题的儿童通常在排序方面有困难。他们听到了指令，但不能以完成任务所需的方式处理和组织指令。成年人会因为孩子不愿意听从指令而感到沮丧，但如果你的排序有问题，那就不是孩子的错了。不知道怎么去规划一天的日程和任务，会影响你发现问题和解决问题，也会扰乱社交互动，导致家庭关系不和谐。

若你被焦虑征服，排序技能也会崩溃。就我们的目的而言，排序是一种"细分"技能，能帮助我们对抗由焦虑造成的令人不知所措的绝对混乱。知道该采取什么步骤，以及何时采取这些步骤听起来很容易，但当你陷入非黑即白的思维中，或者从绝对化的角度看待问题时，这项技能就会被抛到九霄云外。面对凌乱不堪的衣柜、"水漫金山"的地下室，或一沓厚厚的账单时，你有多少次在自言自语：**"我不知道该从哪儿下手。"**

或许你正在尝试一些新东西。你想去掉墙纸、换一个健康保险方案，或者训练小狗入笼，这些都是令人发怵的。你对于这种不确定和怀疑的感觉很熟悉，你告诉自己，**这是不可能完成的**。我记得我学过如何开手动挡汽车，这是一个非常需要排序的技能。你按顺序从一个挡位切换到下一个挡位。但是，一旦遇到交通堵塞，或不得不开车上山时，手动挡变速器的逻辑顺序以及我需要遵循的步骤就会从我的脑海里消失，我常常陷入焦虑和恐慌中。

当你反复发现自己总是陷入令人沮丧的境遇，而且不知道为什么会这样时，你会向朋友抱怨："这种破事怎么发生了一次又一次？"我问那些焦虑的绝对化思考者如何处理任务或解决问题时，他们模棱两可的反应往往代表了一种长期的、绝对化的回避模式，这使得他们不可能学会排序，也不可能在这个过程中进行试错。当遇见让人害怕、退缩或不知所措的事情时，绝对化思考者会保持距离，选择回避，绝不往前迈出一步，也不允许自己建立信心和培养技能。他们会匆忙地直接跳到中间，赶紧把事情应付完，完全没有意识到一步一步做的价值所在。

为了改变绝对化模式，强化你对细分法和排序法的使用，不妨这样开始：

- 在一个新的或具有挑战性的项目的开始或进行的过程中，要对这些令人不知所措的想法和感觉的出现做好准备。你经历得越多，就越擅长处理具有挑战性的任务，但是这些想法和感觉不会彻底消失。每当我坐下来开始写文章或一本书的某个章节，或参与一个新的研讨会时，我都会感到不知所措。事实上，我和你一样，我把它称为"哭泣的感觉"，我被压垮了。当我开始写这本书的时候，我给我的好朋友，也是我的大学室友、知名小说家凯伦（Karen）发了一条短信："你能告诉我动笔写一本书真的很难，而且我会在四月份之前完成吗？"

"动笔写一本书真的很难，你会在四月份之前完成。"她答复我。接着她写道：

- 你听说过安妮·拉莫（Annie Lamott）项目启动的故事吗？她的哥哥把一份需要完成的鸟类报告拖到了最后一刻。他坐在餐桌旁，周围散落着书，而他感到很绝望。他的父亲路过，拍了拍他的头，说："一只鸟接着一只鸟，孩子，只要一只鸟接着一只鸟，按部就班地写。"

这直接引出了我的下一个建议。

- 想一个口号，一个小小的提醒，把你从绝对化的反应中拽出来，回归到一步一步的节奏和细分法中来。"一只鸟接着一只鸟"的方法对我很管用。12 步法能发现绝对化思维的危险以及简单口号的价值，能让意识转换并对事情进行分解。有一些流行的"排序"口号包括："过好每一天""先做重要的事""追求进步，而非完美"。我建议你把这些口号写在索引卡或便利贴上，放在你经常能看到的地方。随着时间的推移，当你不知所措时，它们会自然而然地冒出来。这些短小的口号会让你变得不那么绝对。

- **寻求帮助，并观察那些已经了解你面临的难题的步骤和顺序的人。**这听起来理所应当，但很多人都没有这样做。当人们试图改变饮食习惯时，健康教练会给他们一份购物清单，并指导他们如何为饥饿和渴望——这是不可避免的——做好准备。如果我想在一天的工作开始之前去健身房，我需要具体地思考一下涉及的步骤，比如我什么时候从家里出发，我要去做什么，什么时候能回家。如果不注意顺序，我的计划就会被打乱，我会立刻变得更有压力。

- **使用像清单和大纲这样的可视化工具来帮助你细分任务，并遵循顺序。**这听起来很容易，但我和很多人尤其是青少年交谈过，他们从不列计划或时间表。如果你从没有这样做过，而且生活中充满混乱、不知所措，你可能需要寻求帮助，提升执行能力。现在接受指导还不晚。有人知道该怎么做，去问吧！

走捷径的快感

如果非黑即白的绝对化想法导致你走向了完美主义，那么你可能不会在排序或规划方面遇到麻烦，但你会不知道何时何地可以走捷径。我是非常赞同并推崇走捷径的，我觉得它是一种改变人们思维和行为的方式。就像我之前说过的，追求完美和尽力而为的想法是如此根深蒂固，以至于当我试图向追求完美的人**建议**"敷衍了事"或走捷径时，他们会嗤之以鼻，有时还很愤怒。我并不是建议你不要去追求成功、挑战自我、努力工作或做出成绩，而是建议你去质疑这种"至善至美"心态的表现和后果，尤其是当为人父母的你在孩子身上看到这种心态的时候。

更多的完美主义并不能让你摆脱完美主义的陷阱。完美主义者最终无法到达那个平和、满意的完美终点。任何"完美"的结果都很快会被你对于可能出现的失败的恐惧所掩盖。小杰克逊·布朗（H. Jackson Brown Jr.）是 1991 年的畅销书《生活小指南》（*Life's Little Instruction Book*）的作者，他写道："如果你尽了最大的努力，你就没时间去担心失败。"我对此强烈反对。我认为事实恰恰相反。那些被困在"最好"状态里的人对失败太过焦虑。你去问问新英格兰爱国者队的教练比尔·贝利奇克（Bill Belichick）就知道了。他赢得了一个又一个超级碗，现在他已经开始抱怨自己在组建来

年的球队进度上落后了多少。

那么你是如何实现这种转变的呢？首先，把完美主义、非黑即白的那部分外部化，听听它一直在说什么。这些信息从何而来？完美主义是如何激励你的？那是恐惧吗？你分得清真正必要的东西与你内心所追求的东西之间的区别吗？犯错的时候，你的内心是怎么想的？你曾想过不那么做吗？

然后试试走捷径。不妨从允许自己在生活中的某些方面找到更容易的办法入手。给自己一些试验的空间，无视或戏弄那些完美主义者的规则，这些规则的制定甚至没有征得过你的同意。你可以在哪里"敷衍了事"？这可不是非黑即白的，所以你可以看看还有什么回旋余地。也许我之前讲过的内科医生妈妈可以从允许孩子脱离她的指导和控制玩耍开始。如此一来，她给女儿们树立了灵活的榜样，尽管她实际上仍能持续地感受到事业压力。

几年前，我听玛莎·斯图尔特（Martha Stewart）讲述她如何解决"宴请"的难题，那就是要确保菜单上的所有菜品同时准备好。她的办法让我大吃一惊。我来转述一下她的原话："我只有一道主菜需要煮熟，而且要趁热上桌。其他的菜品都是提前做好的冷盘或者在室温下存放就行的。"什么？玛莎·斯图尔特，这个世界上最擅长宴请的人，让事情变得简单的秘诀就是走捷径？她简直太聪明了。

如何走捷径？在哪里走捷径？你可以允许自己在哪儿松懈？你怎么逃脱那些绝对化的、非黑即白的规则，或者对其中的某些规则不那么较真？谁又会受益于这种改变？

需要思考和记录的问题
你什么时候容易走向极度绝对化？
你身边的哪些人容易陷入这种焦虑模式？这对你有什么影响？
把你将要与家人进行的谈话写下来，包括摆脱绝对化的消极语言以及你们将**如何**共同努力改变这种模式。
如果你存在一些出于恐惧或焦虑的绝对化想法，问问自己：当我听从这个绝对化的想法时会发生什么？如果我放弃这种绝对化的、僵化的想法又会发生什么？保留选择权的风险是什么？

THE
ANXIETY
AUDIT

第四章

内心孤立与割裂

负面思维：

焦虑引发的对于评判的恐惧如

何孤立我们，并割裂我们与他

人的联系

Part 04

活得好的秘密或许不在于拥有所有的答案，而在于有志
同道合的伙伴共同求解无法回答的问题。

——雷切尔·纳奥米·莱蒙（Rachel Naomi Remen）

我的朋友亚当（Adam）说自己的 75% 是内向的。他一个人去看电影或听音乐会都没有问题。如果要去远足，有人陪伴，他会很开心，但独自一人也同样开心。他热情、风趣，但在你了解他之前，他不会分享太多关于自己的事情。当他和一大群人在一起时，他听得多，说得少。在工作上，他无时无刻不在与人互动；事实上，这是他的职业需要。他既善于社交，又有清晰的界限。人们喜欢有他的陪伴，他有很多来自各个领域的朋友，尽管人们可能会把他描述为害羞或安静的人。

相反，在我年少的时候，有一个短暂交往的朋友达西（Darcy）。她也很内向，但和亚当不同的是，她的几次恋爱经历都让她很失望。达西有社交障碍。我知道她渴望与他人产生连接，我们之前谈论过此事。她告诉我，她从小到大都没有多少亲密的朋友，她知道是因为她很害羞，也很焦虑。有时她会怪罪别人不给她机会，或者责怪外向性文化的标

准。但更多的时候，她会审视自己的内心，试图弄明白为什么自己会感觉与外界脱节。她感到孤独，甚至还有巨大的羞耻感。我想帮她，但我没有那么做。说实话，她是个很难沟通的人，那时候我完全想不到该如何以一种让人感受到关心的方式来解决这个问题。我不知道该怎么做，所以我什么也没做。

现在我明白了。如果达西以来访者的身份出现在我的办公室（很多和她有同样烦恼的人都来找我寻求帮助），我会给她解释沉浸于反刍中只会增加她的孤立感；我会引导她在边界和社交风险之间做到游刃有余；我们会具体地谈论她的焦虑模式是如何妨碍她，以及她该如何应对。但当年她是我的朋友，不是来访者。我带着对这份脆弱友谊的深深尴尬离开了。这么多年过去了，我确信——我也被列入了她的名单，让她更加坚信自己不能也不会拥有亲密的友谊。

当我们处理这种内心孤立和割裂的模式时，亚当和达西的例子就表明了二者的区别，这种区别并非由疫情导致，却因疫情加剧：孤立可以是情境性的，也可以是感性的。尽管我认为亚当和达西都是内向安静的人，但在疫情期间，亚当的情绪管理很好。他有孤独的时候，也有各种各样的社交关系和维系能力。调查报告显示，焦虑和抑郁的人口比例增加了，但像亚当这样在疫情高峰期将孤独视为情境性的人表现得更好。认识到隔离是一种集体和共同的经历，无疑有助于

许多人渡过难关。"我们患难与共"成了口号。我们可能曾经孤独过，但如果我们意识到在这种孤独中我们并不孤单，我们就会过得更好。我们之间是有关联的。

但对于达西这样社交困难的人来说，孤身一人显得更加残酷。在封控期间，内心割裂的痛苦感觉太令人熟悉了。疫情当然让事情变得更糟，但它并不是源头。达西的思维模式主要是感性的，并因为某种焦虑模式和归属感的**缺失**而加剧。这种割裂的出现并非因为新冠疫情，我们身处的社会、我们面临的种族冲突和政治不和让情况变得更复杂，割裂成了关注的焦点。现有的情感沟壑已扩大为鸿沟，治愈这些创伤的过程非常缓慢，它会影响到不同代际的人，尤其是年轻人。

我和很多人交谈过，他们在疫情之前、期间和之后都感受到了孤立感。他们知道自己想加入一个俱乐部，但并不知道该怎么做才能成为会员。出色的夫妻疗法专家兼作家埃丝特·佩雷尔（Esther Perel）在描述她遇到的案例时，说得很精彩："有时我在我的（治疗）房间里也有这种感觉。他们来了，我会想，这不是他们此刻共同经历的事情。他们完全是在各自经历着一切。问题在加剧。"

无论你是否注意到在过去几年里你的孤独割裂感在急剧上升，或者经历了持续的挣扎，你都不是特例。低社交焦虑就是这样的。本章将为你提供一些可以助你主动改变的技巧和思维模式。如果你希望建立更深层次的连接，但又觉得冒险和可怕，我不希望你就此作罢。你可以用以下这些办法揭开焦虑模式的伪装。

割裂源于内心

孤立通常是由环境因素造成的——换了一份工作、搬到一座新城市、流行病、离婚，或出于诸多原因独自留守的孩子。这种孤立的感受通常是短暂的，当环境发生变化时，这种感受也会随之消失。

但更普遍的割裂感和孤立感是由一种"你错过了什么"所推动的，再加上你脑海里对于原因的不断探究，使你精疲力竭。这是一种深切的渴望。你寄希望于从社交关系中得到的与你此刻所经历的之间存在差距。如果你的努力不管用，而你看到别人似乎很容易就能建立连接，你也许会感到困惑或挫败。你告诉自己，**这应该很容易**，但它看似如此神秘，令人无所适从。不管出于何种原因，你从小就没有学会与他人建立连接、依恋关系或友情的技巧，你本能的、即时的反应可能是后退一步，保护自己，这是可以理解的。

对一些人来说，焦虑性退缩及其引发的孤立的严重程度已达到社交焦虑症的诊断标准。但对更多的人来说，这些感觉一直埋藏在表象之下。如果你属于这一类，你会过得很好，有足够多的熟人和同事，但这是一种不知足的钝痛，就像达西一样，渴望更多。

人们普遍认为，社交焦虑与人有关。这在一定程度上是正确的。记住，焦虑源于内心，由对可能出错的事情的预期所驱动，重要的是你对事物的感知。你还要记住，我们焦虑时，是在寻求确定性，并努力消除所有风险，这在处理人们的不可预测性时尤其难。人是表里不一的，有时很难读懂，他们有自己的模式、特性和假定。人际关系会不断变化、进化，它们是流动的，有风险的。焦虑不喜欢这样。当焦虑无法得到它想要的确定性时，人就开始退缩、逃避。如果你的目标是消除一切风险，你怎么会踏入新关系或新体验中？

爱丽丝（Alice）就遇到过这个难题。她是一位三十出头的单身女性，因为情绪低落，感觉生活陷入僵局才来找我。她很清楚自己悲伤的来源：枯燥的工作、长久以来对我们所在的新罕布什尔州寒冬的厌恨，以及令人痛苦的孤独。她想要寻觅一段长期的感情，虽然她有"一些好朋友"，偶尔会见面，但没有一个人让她觉得特别亲近。值得注意的是，尽管爱丽丝可以列出生活中所有不满的地方，但一旦要改变其中任何一点，她似乎就被难住了。"我知道哪里不对，我只是无法修复它。"她告诉我。她想象着自己生活在南方，在那里她可以去海滩。她想要一份更有责任感和挑战性的工作，以及一个有很多能与她共鸣的同事的工作环境；她甚至幻想和别人住在一起，一起分担费用，一起吃饭。她说，自己一个人住在公寓里太孤单了。

爱丽丝有外部资源来做出这些改变吗？有。她攒够了去另一个城市的钱，她的专业技能也很抢手。但在我们的交谈中，我发现她身上有一种常见的思维模式——承认自己与外界割裂，但却困于其中。虽然她的计划和希望都很明确——新的工作、有她喜欢的室友的合租房、有她能共处的同事——但她想在迈出第一步之前就把一切都安排妥当。**如果我做了所有这些改变却没有成功该怎么办？** 就是这个想法让她无法行动。在尝试任何一件事之前，她都渴望有十足的把握。她对确定性的需求如此强烈，导致她无法走出她的孤独生活。

如果我第一次约会的对象是个烂人怎么办？

如果我换了工作，三个月后，我的同事都不喜欢我了怎么办？

如果我彻底改变我的生活后还是觉得很孤单怎么办？

爱丽丝最终选择待在寒冷的北方公寓里，继续做那份无聊的工作。可悲的是，她把自己的风险控制在低水平上，而她的情绪一直很低落，连接感也很低。

正如爱丽丝的遭遇所表明的那样，当对确定性和消除风险的全面需求（焦虑困境的一部分）集中在避免评判或被否决时，内心的孤立感就会加剧。她担心人们不喜欢她；她想象着更令人痛苦的被否决，选择了逃避，这样看起来伤害会小一些。但这种回避一切评判的策略，对爱丽丝来说永远行不通，对你来说也行不通，因为作为社会性生物，我们天生就会评判别人。在逃避评判的同时要建立连接是不可能的。

相互评估的需求是人的社会属性的一个关键部分。知道安全与威胁之间的区别对我们的生存至关重要。所以我们一直在评判：你是朋友吗？是敌人吗？你会伤害我吗？会帮助我吗？我们应该在此繁衍，还是另寻他处？当然，现代社会让我们能够更随意、更肤浅地进行评判，至少看起来是这样。你风趣吗？你穿鞋的品位好吗？你的孩子多大了？你愿意和我一起爬山吗？你会是个好室友吗？你会是个好的商业伙伴吗？

不管这些判断性命攸关，还是看似偶然，它们所追求的都是一样的：我们能建立连接吗？虽然这种现代社交可能与21世纪的你的生存没有直接关系，但连接感会影响你的情感归属和幸福感。当你在寻求某个群体、某种连接时，它仍然非常重要。

被冷落、渴望爱、在人群中迷失，这些表达都揭示了我们的情感连接与我们对安全和生存的理解是多么紧密地联系在一起。

在簇拥的人群中兀自思考

爱丽丝觉得孤独、孤立；选择回避风险意味着她见不到多少人。但我见过很多人，真的是被人包围着的。我经常和一些父母聊到，他们被年幼孩子的持续需求、被工作和各种责任义务压得快要喘不过气来。他们的周遭都是人，但仍然感到被孤立。他们渴望拥有属于自己的时间——"我只想有 20 分钟的时间能安静洗澡，没有人尖叫着猛敲浴室的门"——他们说自己与外界隔绝，很孤独。他们想知道，**我身边一直都有人，怎么还能感到如此孤立？为什么我总是被别人需要，却依然感到脱节与割裂？**

焦虑和抑郁都被称为"内化性障碍"，这意味着你的大部分抑郁或焦虑的想法都在你的内心。你的身边可能都是人，你可能会和他们互动，但这种焦虑的"互动"是一个闭环，你在和那部分焦虑的你谈论出了什么问题。如果没有第三方视角，那么你几乎没有机会去挑战你的那些焦虑的结论。

结果是消极情绪的螺丝越拧越紧，你甚至会觉得更加孤立。研究发现，孤独的人往往更专注自我，对他人的回应更少。设想一下：那些渴望连接的人，那些声称自己孤独的人，**往往更专注于内在，不太关注他人的经历**。当然，这不

是一个刻意的选择，但它是一种模式化的焦虑反应（重复性消极思维），看起来很直观，却会伪装成是有益的。对问题的反应（深入的思考、分析、自我批评）会衍生出更多你希望解决的问题。

当你担心别人的评价时，你也会更少地分享真实的自我。你知道自己的想法和感受，也非常清楚自己所有的缺点，但你把这些都埋藏在心里，以免被排斥。于是，问题不断恶化。你不分享自我，就得不到反馈。你强化了这样一个信念：你所感受到或想到的那些可怕的、愚蠢的、吓人的、没有安全感的事情，别人都感受不到，或者压根不会想到。于是你更加保守、封闭、羞愧。

我在实践中经常看到这种情况。比如，劳伦（Lauren）在疫情期间联系我，当时她刚生完二胎，觉得孤立无助，不知所措。几年前，劳伦上大学生时曾接受过我的治疗，当时找我是因为她身在异乡以及交友困难。那时候，劳伦远远地看着同龄人，想知道他们是如何做到那么亲近的。她会从外围观察别人，然后在所有社交活动结束后花几个小时进行深度自我批评。在她上大学时的治疗期间，我们的主要任务是识别她内心对话的模式，并改变她根深蒂固的（和孤立的）想法：如果有人了解她——真正了解她——就会拒绝她。她开始与他人建立联系，越来越愿意公开分享，了解她与许多同龄人有多少共同之处。她开始接受合理的社交风险，有意地打断那些她曾经认为有益的、苛刻的内在评价。

现在劳伦又来找我，不出所料，疫情期间生二胎的经历激活了一些她的旧思维模式。劳伦把自己和朋友以及家人隔离开，独自思考。她无法感受到支撑她的连接和认可。当她不知所措时，她告诉自己不应该这样；当她身心疲惫时，她会想也许生二胎是个错误，但她把这些想法藏在心里；她的丈夫试图亲近她，但她觉得完全没有兴趣，她开始担心自己没有那么爱他，婚姻出现了问题。她的内心开始焦虑、内疚。她越疏离，就越自责。

通过 Zoom 会议，我帮助劳伦变得更开放，也更懂得示弱。焦虑和抑郁让我们忘记了过去取得的成绩，所以我提醒劳伦她在与人分享方面所学到的东西。她记得生完第一个孩子后，她定期和朋友们见面。作为一个新手妈妈，她得到了很多支持和很好的建议。她的姐姐曾提醒过她："一开始你会不知所措，好奇你的生活是否还能像从前一样。"朋友告诉她，当她觉得没有什么可以给予的时候，和伴侣做爱就不那么有吸引力了，这很正常。她曾和朋友们一起开玩笑，为了能睡个安稳觉，她们愿意花 100 万美元。

但疫情的孤立加剧了劳伦的闭塞、羞愧。她本来应该把育儿的事弄清楚了，对吧？毕竟这不是她的第一个孩子。她应该更懂，做得更好。当我提醒劳伦她的大学经历和第一个

孩子出生后她需要什么时，她很快就辨认出了这一模式。我告诉她，和朋友去聊聊；分析你的想法；告诉你的丈夫你在想什么，因为他可能也有点害怕。他或许害怕分享内心的挣扎，因为他看到你也在挣扎。

我分享了一个自己的故事。我告诉她，我有一张和丈夫在蒙大拿州山顶的照片。那是我们最喜欢的一张照片，是我们在西部旅行时拍摄的。照片里有充满内啡肽、喜悦、灿烂的笑脸，然而，裹挟着暴风雨的乌云正朝我们而来。我们的第一个儿子出生几天后，有一天，我被初为人母的强烈情绪所吞噬，不知道如何去调整，于是我把照片扣下来。每次看到这张合影，我都会想，**我们再也不会去爬山了**，所以我把它藏起来了。劳伦哭了起来。她意识到，原来我也有这种感觉。她的眼泪里是慰藉、连接和接纳。不久之后，当她开始向人倾诉自己的担忧和疑虑时，她的朋友、姐姐和丈夫齐声回应道："我也是！我懂！我也有这种感觉！"

攀比文化

劳伦正因为一个巨大的生活转变而苦恼，一个她认为应该是快乐和令人兴奋的转变。这是一件美妙的事情，但她却感觉不那么美妙——至少大多数时候不是这样的——所以她保持沉默，感到孤独，这是很正常的。若是以我们的文化的外在衡量标准来看，我们应该登顶世界之巅；我们看起来做得很好；或者在别人看来我们已经想明白了的时候——因为我们向别人展示的就是这样的——割裂感和孤立感往往很强烈。

我们当前的成功文化专注于取得了哪些成就和物质上的成功；我们依据外在结果进行自我评价和评判他人：物质财富、职位、绩效，或者孩子考上了哪所大学。这种对竞争结果的强调引发了儿童、青少年和家长一定程度的焦虑，说得危言耸听一点，这算是一种流行病。我曾经和许多注重成就的成功人士合作过，我发现：他们和那些"实干型"的同龄人在外表现得越有能力，就越难分享自己的苦恼。每个人都认为其他人做得很好。他们越希望自己应该一直快乐、兴奋和感恩，情况就越糟糕。孤立开始蔓延，羞愧油然而生，割裂感越来越强。

你是否已经学会根据所做的事、所取得的成就来评估自己（和他人）？你是否经常根据结果和所取得的成就来评价自己？我也是！这也不全是坏事。完成任务时感到自豪和自信是正常的，这是很好的事情。然而，问题在于你相信其他所有人都比你做得更轻松或更好，相信他人向外界呈现的结果就是故事的全部。我们比较房子、孩子、婚姻、事业轨迹、收入、身体，我们相信别人向我们展示的——所见的结果或精心编排的形象——就是完整的现实。然后，我们把它

与我们自己凌乱的生活做比较。

我们知道自己的人生仿佛一团乱麻，却轻易相信别人的生活就那么如鱼得水，这是不是很有趣？奇怪的是，我们明知道别人在塑造自己的形象（因为我们自己也这么做），但还是会被这些伎俩蒙骗。我的导师、抑郁症专家迈克尔·亚普科博士说："若你把自己的内在和别人的外在进行比较，那么这就不是一场公平的竞争。"

什么都懂，但偏要单打独斗

不可否认，科技和社交媒体让"比较"变得更容易、更激烈，但这不是什么新鲜事。20世纪80年代初，有一项研究着眼于社会比较及其对割裂和孤独的影响。研究人员发现，那些将朋友的质量和数量与他人进行比较的人往往会长期感到孤独和割裂。即使没有科技的帮助，我们也长期被对暴露的恐惧和随之而来的孤立所困扰："我无法真正与你建立连接，因为我向外展示的与我生活中真正发生的事情太不一样了。我需要保持距离。"

诚然，技术的进步使情况恶化了；如今，你与数之不尽的人们的社交攀比可以瞬间启动，哪怕在那一刻之前，你根本不认识这些人。社交媒体在提供连接的同时，也增强了我们竞争的动力，扭曲了我们对他人的看法。这是一个令人困惑、反复无常的游戏，我们精心挑选着要向别人展示的内容，家庭和职场生活中的哪些东西可以分享，哪些要过滤和隐藏。我们窥见别人在做什么（连接），同时也体验着拒绝（孤立）。

不仅如此。还有一套经久不衰的古老价值观加剧了社会斗争：美国的主流文化仍然青睐白手起家和一夜成名的故事。无论是过去还是现在，我们都崇尚顽强的个人主义和自力更生。也许你读到这里会认为这些都过时了。我把这些"孤独"的价值观与"万宝路牛仔"（Marlboro Man）和"肮脏的哈里"（Dirty Harry）的形象联系在一起。在这个高度互联的现代社会，大男子气概的牛仔和强硬、寡言的流氓就像香烟广告一样过时了，对吗？错。这些价值观仍然被看作是优势来宣传。我们取得了一些进步，但并没有我们愿意相信的那么多。我们再一次发现了分享太少的问题，却硬是要伪装成分享太多。

尽管人们普遍认为年轻人对自身的苦恼和挣扎心态更加开放，但在年轻人中，自力更生仍然是非常重要的价值观。2020 年有一项研究针对 18~34 岁的群体在疫情期间的孤独感和割裂感进行过调查，发现"独自应对"的社会压力仍然是影响心理健康的因素。正如首席作者艾利·李斯蒂莎（Ellie Lisitsa）所写的那样："文化也可能有影响，因为研究表明，美国的年轻人可能比其他年龄段的人更少寻求社会

支持，原因在于我们的文化价值观强调的是越来越强的自主性、个人主义和自力更生。"

尽管我们不想封闭自己的某些部分，但我们（尤其是女性）经常得到这样的信息：要想成功，就需要这样做。作家兼领导力导师雷切尔·西蒙斯写道："社会可能会告诉一些女性'我们无所不能'，但它忽略了一个重要的问题：当我们这么做的时候，我们无法成为我们自己。"

当我们把这种单打独斗的方法应用于情感、社交和职场斗争时，代价是很高的。从治疗焦虑的治疗师的角度来看，这种自我消化的方法，尤其是在注重成就的环境中，是很常见的。这意味着你需要安排一次闭门咨询，处理你反复出现的消极想法；但当你独处时，你会根据自己的想法、恐惧和灾难性的预测来决定什么该分享，什么该保留。据报道，美国年轻人的孤独率比老年人高出 50%，我们得出结论：年轻一代已经接受了这些文化范式。

另外，我们不应忘记，文化影响存在于大大小小的群体中，而家庭往往是最强大的文化生成器。家庭通常是人们学会不去谈论或分享最为普遍的经历的第一个地方。家庭的保密准则和对外在的要求一如既往地强大。社交媒体让我们觉得我们在分享更多，但相互攀比、注重成就和孤立感仍然在增强。我们的"分享"依然笼罩在恐惧之中，害怕评判，害怕失败。

我看到父母越来越愿意谈论孩子与焦虑和抑郁的抗争，能发现这些问题其实到处存在会有所帮助；但我也看到许多家庭不能也不愿意承认焦虑、抑郁、酗酒和虐待的模式，这些模式可以追溯到好几代人之前。尽管它们具有共性，但是它们要么被矢口否认，要么被小心翼翼的托辞所掩饰。我去年做了一个有趣的实验。我在给家长、教育工作者或其他心理健康服务的听众做演讲时，开场问了这样一个问题：在座的人中有谁的家庭完全不存在焦虑、抑郁或药物滥用吗？没有一个人举手。

避免冲突：保持和平，保持距离

人们对我说："我讨厌冲突。"我也是，这就像一个小孩告诉我他们讨厌打针一样，我回答："如果你喜欢冲突，那就有点奇怪了，不是吗？"冲突就像打针：当它们很严重时，我们会介入并对不适进行处理，但大多数人不会在不必要的时候去主动寻求。而且不管你喜不喜欢，冲突和打针一样，都是现代人类生存中司空见惯的事情。但如果你不知道如何或何时该干预冲突带来的不适呢？如果你因为太害怕冲突，所以不想让别人知道你内心的真实想法呢？这将如何影响你的人际关系？又会如何加剧你的孤立感？

如果你苦恼于孤立感，那么你需要研究的另一种模式则是避免冲突。如果你恐惧、担心或缺乏经验，那么你处理冲突的方法会是完全避免冲突，于是问题就出现了。像所有的逃避一样，它在短期内非常有效。当你逃避了痛苦、不愉快的对话、情感上的尴尬时，你会觉得很轻松。但从长远来看，这只会适得其反。你逃避了即时的痛苦，但正如我们都经历过的那样，问题还存在，有待解决，并将恶化。随着时间的推移，避免冲突的意愿往往会导致妥协和怨恨不断累积，最终引发更多的逃避：一个新的向下的螺旋，让你远离你真正渴望的深度连接。

如果你在焦虑的家庭长大，那么你的家人已经为你树立了避免冲突的榜样。如果你的父母焦虑，你可能学会了避免冲突或者否认冲突，因为焦虑的人——尤其是那些在与内心的孤立做斗争的人，通常对真实存在或感知到的冲突和拒绝非常敏感。确定性和舒适感是焦虑家庭的目标，处理冲突——即使是以极富成效的方式进行处理，也是令人不舒服的！现在，作为一个成年人，你可能会继续避免冲突，因为你从来没有见过人们如何很好地解决冲突，你不知道该怎样以一种健康的方式去解决。关于如何解决冲突，你学到了什么？被拒绝的时候，你是如何处理的？你得到了什么支持？有人帮你找到办法吗？你觉得冲突是正常的（虽然痛苦）还是一种危机？

如果你的成长经历中存在虐待、混乱，冲突并没有被避免，它很可怕，让人感受到了威胁。你的经验告诉你，你有理由害怕踏入那个角斗场。就像来自避免冲突的家庭的人一样，你没有能力或者不会相信冲突会让情况有所改善，从而建立令人满意的连接。冲突是危险的。当孩子们经历了不可控的创伤性冲突时，随着年龄的增长，可能会发生一些事情：他们可能会模仿他们学到的暴力或混乱，可能会寻求避免一切冲突，或者可能会在感觉和行为失控之间徘徊，然后感到羞愧、害怕并走向封闭。

不管你逃避的根源是什么，这些习得的模式和想法都意味着随着你日渐成熟，你将失去以健康的方式处理冲突的机会。如果你从未见过积极处理冲突的好处或可能性，你不仅会与他人割裂，还可能会将自己与自己未曾表达的想法、情绪和观点割裂开来。科尔顿（Colton）就是一个例子。

我认识科尔顿的时候，他已经快 30 岁了，他是一名电工，有稳定的工作，还有三个年幼的孩子。他知道自己无时无刻不在焦虑，而且他有充分的理由感到焦虑。他的童年充满暴力，几乎每天都目睹父母吵架，毒瘾导致他们多次被捕因而在科尔顿的童年生活中缺席。科尔顿告诉我，他只是想融入社会，过上平静、可预测的生活，有一个值得爱的家庭，有一帮可以一块玩的朋友，还能参与到孩子们的生活中。

从表面上来看，他在达到这些目标方面做得非常好。从过往经历来看，科尔顿在努力地追求稳定，他很善良；和他的兄弟姐妹不同，他完全不喝酒；二十五六岁的时候，他有了自己的小家；他是那个总在帮朋友搬家的人；上大学时他认识了贝丝（Beth），毕业后不久两人就结婚了；他把她视为最好的朋友。

那么问题出在哪儿呢？贝丝说服科尔顿来接受治疗，因为她觉得和他有距离感，她不知道能做什么。"她说我太好了，这让她抓狂，"他告诉我，"我为我们的家做了力所能及的一切，但她觉得我离她有十万八千里。她觉得我抑郁了。"

科尔顿否认自己抑郁了。他觉得自己在事业上很成功，喜欢和家人在一起。他忙着做家务，给女儿的足球队当教练。但没过多久，我就发现，科尔顿时刻保持着警惕，确保他做的每一件事都能避免冲突。他温顺的脾气意味着他很少表达自己的观点，或者流露出任何负面情绪。晚餐想吃什么？他会回答"什么都行"。应该去哪里度假？他会告诉贝丝"你定吧"。有一个朋友在最后一刻取消了一个活动，科尔顿无动于衷，尽管这个朋友一而再、再而三地以这种方式爽约。

科尔顿的焦虑并没有妨碍他的行为处事，所以没人觉得他焦虑。但他的确焦虑。对冲突的恐惧是如此强大，并被灾难化，以至于他不允许自己有任何负面的感觉——为了不让自己对妻子、孩子、老板或朋友有任何负面的感觉，他需要与外界割裂。"他善良到甚至让人感觉不真实，"贝丝说，"我只要对他有一丝负面的情绪，就会感到内疚，因为他从来没对我流露出任何负面的情绪！"

科尔顿的故事听起来很极端，但过程却很熟悉。科尔顿内心充满焦虑，他确信自己身上发生的冲突和安全的故事。谁能怪他呢？这是焦虑与创伤的一种连接方式。他学到的这些策略既保护了他的童年，也在一定程度上帮助他在成年后拥有了正面的人际关系。因为焦虑，他需要保持愉快的距离。贝丝想要的坦诚、开放的连接让他感到困惑和恐惧。他无所适从。

他的治疗焦点在于如何以一种不受过往冲突和暴力经历支配的方式，与贝丝和他自己真实的感受建立连接。科尔顿觉得有两种方法可以选择：安全的割裂或者可怕的失控。他需要知道冲突并不一定意味着暴力，在科尔顿的生活中存在很多种人际关系，在这些关系中，乐于助人、和蔼可亲和自我保护都很好。这些技巧很有价值，但并不总是管用，尤其是在婚姻中绝对不总是管用。

科尔顿慢慢学会了表达观点、说出异见，甚至对朋友的求助说不。当别人（包括贝丝在内）因此生气或失望时，他需要设定一个界限，容忍自己的不适感。在经营自己的生意时，他被允许对人说"不"。我们开始做咨询时，他的孩子还小，但总有一天他们会变成青少年，他们会愤怒甚至叛逆，而他需要处理这个问题。人际关系和育儿是一个动态的过程，所以他每天都在持续学习和模仿这些技能：容忍不确定性，改变他的重复性消极思维，相信他与自己的父母不同，并通过适宜的方式分享他的情绪和想法，努力阻止这些消极模式在家族中代际相传。

人们通常不会意识到焦虑是如何导致孤立和割裂的，但我希望你现在能更好地洞察到我们常见的焦虑模式如何潜入人际关系中，并让我们无法真正地与他人建立连接。本书探讨的这些模式是相互重叠的，所以在思考解决冲突的可能性时，你可能会高估风险，把**一切冲突**的结果都夸大，就像科尔顿一样。要认识到，你可能对健康良好的结果缺乏经验，也缺乏足够的能力去想象可怕的后果。当你的想象力与焦虑对于确定性的需求一拍即合时，结果便是要避免很多事情，包括：判断、尴尬、拒绝、冲突，以及通过试错进行学习的不可预知的过程。

当然，这不是非黑即白的事情。我们想要的是基于不同情形的灵活性和适应性。你不需要与任何人分享一切，也不需要努力与每个人建立连接。除了积极的连接，你还可以在生活的某些领域培养自立和自主。这种技巧的均衡与焦虑所希望的绝对逃避和退缩恰恰相反。当你了解了自己的思维模式并努力做出调整时，给自己多一点同理心和关怀。

怎么做

质疑你对自己（僵化）的看法

那些感觉最孤立的人往往会惊讶地发现，一旦我们开始观察他们的思维模式，会发现他们与自己的认知的关联是多么紧密，有时甚至激烈。这是一个有趣的发现，因为如果他们偏内向、安静或逃避冲突，就会被他人认为是顺从的或被动的。当需要做决定或表达意见时，他们会尽量推脱。他们不在课堂或会议上发言。然而，这种外在的顺从往往掩盖了他们内心不可动摇的想法和结论，这些想法通常是关于他们自己的。

带着这种僵化去质疑那些僵化的结论是至关重要的第一步。

我记得我曾经和一位安静而敏感的女士共事，她正在努力结交朋友。我们刚开始谈话的时候，我听到她做出了一些有关她自己和交友的鲜明的表态：不够健谈，没什么朋友。人们对她的发言都不感兴趣。这些表态显然对她不利。

她努力工作以确保自己没有冒犯任何人，但她仍然没有朋友，所以善良是不管用的。大多数人都是在年轻的时候交上好朋友的，所以她错过了这个机会。我还注意到，她会条件反射式地拒绝我对她的任何赞美，也不理会任何人对她的结论提出的质疑。她是个温和的好斗者。

"你觉得自己和蔼可亲，外表上的确如此。你确实是个善良的人，"我告诉她，"但是关于你是谁，以及别人怎么看待你，你的内心其实非常固执。在这一方面，你是极其固执、无知的。"

这句话让她大吃一惊。怎么固执了？怎么无知了？这些明明是装腔作势、口无遮拦的吹牛大王的特点！她和那样的人截然不同！她充满怀疑、不安。

单看外表的话，她一点也不固执，看着也不骄横。与人打交道时，她显得胆怯、温顺。但没有谁能质疑她内心强有力的看法。她完全相信自己的看法。让我来告诉你我对她说了什么：如果你继续认为赞美是虚假的，或不准确的（**这并非那个人的本意**），如果你坚信那些怂恿你与外界割裂的咒语（**没人会和我有同感，我和他们都不一样**），如果你拒绝接受别人对你的看法，那么你将错过偶尔**犯错**的美妙和愉悦。

你是如何被禁锢在不断更新的自我认知中的？你是否一直坚守着那些对自己的看法，而那些看法或许并不准确？你能接受别人的看法吗？你如何接受别人的赞美？你是否很快会对赞赏不予理会，或者努力匹配？你可以改变这种模式，用一句简单的"谢谢"来接受赞美；留意**任由它去**是什么感觉。如果你想和别人建立连接，那么他们的想法、观点、喜好、厌恶也同样重要。如果不想，那么你仍然是孤独的、孤立的。

做个好奇的学生：观察和学习

社交技能是后天习得的。如果你小时候没有好的榜样，现在开始观察和学习这些技巧也不晚。这需要关注外界，与你的担心相反。注意：做一个好奇的学生，留意一些人是如何过度分享，而另一些人是如何有所保留的。你有没有和这样的人交谈过？他在回答"是"或"不是"的问题时，真的只回答"是"或"不是"。这让谈话很难继续下去，不是吗？和一个主导谈话却从不打探别人的人聊天怎么样？你如何与那个人建立连接？在你的生活中，谁最擅长与人沟通？他们是怎么做到的？

知道什么时候可以分享以及分享什么的技能，是需要通过实践和经验来培养的。允许自己去观察和学习，然后采取行动。当你开始扮演观察者的角色时，你可以减轻一些压力。坐在观众席上，这不需要你做什么。带上你的好奇心去观察、模仿别人的行为。想象一下，你正在聆听一场音乐会，欣赏小提琴手的才华，那是如此光芒动人，你甚至也想去上几节小提琴课。或者可以把它比作在网上看一段关于狗狗梳洗、玉米卷饼烹饪或选择适合你脸型的镜框的教学视频。要乐于学习新的东西，看看这么做时，你的内心有没有感到放松。你能享受学习的乐趣吗？你曾经这样做过吗？你需要有意识地留意习惯性自我批评的念头何时会冒出来。你可以对自己说，它来了，那个让我退缩的本能反应。这就是我正在努力改变的。

最后提醒大家一点：社交会带来一定的不适，也需要勇气，但你没必要一直强迫自己，尤其是当你还没有被教该怎么做的时候。允许自己做一个踌躇不定的初学者。没有人指望你听了一遍交响乐（甚至 20 遍）就能拿起小提琴完美地演奏。就是这种非黑即白的思维模式让爱丽丝陷入困境。在对结果有十足把握之前，她不会在任何改变上浪费功夫。但学习不是这样的。

真实而深刻的连接——小心尝试

你已经观察、学习并提升了你的社交技能。你逼着自己去承担了一些风险，或者你已经积累了很多社交人脉，可以很好地处理生活、工作和家庭的社交需求。你的社交技能很扎实，人际关系也不错，但你希望和朋友、伴侣或家人之间的某些连接能更深入。

如果你意识到存在这种深度的连接，但你却没拥有，它就会成为你渴望的东西。这就是我们经常在小说和电影里看到的对友谊的幻想。我想起电视剧《欲望都市》新年前夜的一幕，凯莉（Carrie）穿着滑稽的鞋子穿越被皑皑白雪覆盖的城市，到达米兰达（Miranda）家，只是因为在一个短短的电话里得知米兰达陷入了绝望的孤独。你想寻找一段关系，让你能分享真实的自我。你希望在你真诚地谈论自己凌乱的生活或者迷茫的时候能表露脆弱和被认可。你远远地看到它，觉得它就是你想要的，但如何去创造它，却是一个谜。这是有社交焦虑的孩子们在分享他们梦想中的友谊时向我描述的。这是一个过程，需要练习、耐心和勇于冒险。

20 多年前，我搬到了现在生活的小城市。当时我的丈夫在出差，我们有了孩子，但我一个人都不认识。我是那么渴望、需要朋友，所以我立刻加入了一个健身房，在那里我认识了很多出色的女性，包括我现在最亲密的朋友。有一小群人，他们看到了真实的我，看到了我的不同方面，她就是其中的一员。

我们刚认识的时候，我既谨慎又充满希望。我不确定她是否想和我交朋友，因为她的性格比我还要保守。我更闹腾，也更混乱。她美丽、善良、有条理，直到今天依然如此。（她一直是我的榜样，教我如何在该保持沉默的时候优雅地沉默。）有一天我打电话随口问了她一个问题，至今我还记得她说的那句话，那句话让我确信我们可以成为朋友：

"哦，天哪，如果让我再在地毯上多玩一分钟卡车，我就会疯的。"哦，**谢谢你，谢谢你**，我想。我可以以真实的面貌和这个人相处。有时候带孩子很无聊，很单调，你可以放下戒备，冒一点小风险，展示真实的自己。我们从此结下了深厚的友谊。

当你朝着建立真正的连接的方向前进时，以下是你应该记住的要点。

- **分享和连接都有一个很大的有效击打点，而不是一个小小的靶心。**走出内心的孤独并不是一门精确的科学，但焦虑的人经常陷入内心孤独的谜团中。就像人类做很多事情一样，这是一个不断试错、有回旋余地和调适的过程，是持续一生的过程，不断地命中与脱靶。**你需要练习**，就像是打匹克球、做饭或做治疗师。只要我继续从事这份工作，我就永远学无止境。我在不断地调整和学习。人际关系也是如此。

- **要有耐心。**如果你希望加深连接，减少内心的孤独感，你必须承担一些风险，分享你的某一部分，但这不是一蹴而就的。调整自己的节奏。在一段关系或友谊刚开始时，不要把你所有的秘密全盘托出。如果别人很快就用过多的信息让你不知所措，你可以后退一步，注意界限。在结交新朋友的时候，我有过很多错误的开始。我和一位女士成了短暂的朋友，她很快就开始频繁地谈论钱，告诉我她的丈夫挣了多少钱，他们买房、买车花了多少钱。这不关我的事！感觉怪怪的。

- **找到属于你的团体。**加入有共同兴趣的团体：散步、合唱、棒球／垒球联盟、观鸟、烹饪等。你会觉得尴尬，你会试图说服自己不要去。不管怎样，你都得去。

- **如果你纠结于要不要分享"真实的"自我，或对自己的故事或经历感到羞愧，心理治疗会帮助你。**找一位有同情心、同理心的治疗师，谈论真实的自我，让那些从不曾被言说的秘密得以见天日。有一个人会听到并接受它们，你们都会觉得很舒服。很多时候，找我咨询的来访者会告诉我一些他们从不曾与人分享、与人提起的事情。这样挺好的。即使这个故事、这些想法或感受曾给你带来创伤，但它们不再是不可言说的。我也会给他们分享类似的故事。当我们谈论不可言说之事，当我们能分享未曾被分享之事时，秘密的力量就会崩塌。治疗可能是你努力的起点，你可以把这种练习带入你的生活和世界。

- **不是每个人都值得拥有真实的你。**你可以选择与谁分享真实的你。我告诉我的年轻来访者，当他们有重要的事情要分享时，把这些信息像对小鸟一样轻轻地捧在手心。把这些信息分享给那些真的关心这只小鸟，并能用它应得的尊重和善意去对待它的人。

- **意识到职场社交是多么令人筋疲力尽、多么棘手。**
  如果你希望事业有成，那么成功的秘诀里会充斥着这些警告：透露信息得有策略、得谨慎，但这可能会让你付出代价。正如雷切尔·西蒙斯所说的，如此努力地克制自我很累："它的代价是巨大的。当你无法触碰真实的自我时，你就失去了产生创造力和连接的天然引擎。你不会对工作那么投入。你将疲惫不堪。"由此我们可以得出：如果有选择的机会，选择能展露你真实样子的一家公司或一份工作。

培养多重维度的连接关系

我之前说我的好朋友是少数能看到我最脆弱的一面的人。我有很多朋友，他们有各种各样的人脉资源，能满足各种不同的需求。我的健身伙伴知道我争强好胜的一面，也见识过我骂人的本事，这当然是我在专业场合不会说出来的。（我没那么绝对！）我和我的丈夫认识我的大学室友的时候，我们都很年轻，所以她通过那个独特的角度了解了我的婚姻。我有一些圈内的朋友，他们的人脉很广，从我的朋友、写作伙伴，到有价值的导师，再到年度会议伙伴，我喜欢和他们共进晚餐。我的家人基本了解我，有的人了解得多一些。

关于连接，人们常常有各种想法或幻想，这让他们更难得到想要的东西。他们可能认为相对肤浅或零散的连接并不重要；或者某种连接总是那么真诚、有意义。要知道，在同一段关系中，与同一个人的连接也存在不同的类型、不同的程度、不同的"时代"。

我们也会非常严肃地对待连接，提升压力和期望值，让每一次互动都变得有意义。如前所述，游戏就是一种很好的连接方式。肢体运动、游戏、欢笑，都与焦虑者偏爱的高度警觉、战战兢兢恰恰相反。允许自己快乐、犯傻，这与焦虑所期待的也恰恰相反，不要总是那么严肃、有压力、爱批评。经历了长期的威胁、恐惧和迷失，你现在需要敞开心扉，接纳有趣的社交连接！

2021 年，"On Being"播客的克里斯汀·蒂皮特（Kristin Tippett）采访了埃丝特·佩雷尔，埃丝特谈到人们如何在遭遇创伤后"复活"，穿过逆境之后"人们如何重新获得生机、活力与新生"：

我们开始讨论，如果你愿意再次冒险你可以做些什么，这意味着你没有完全陷于战战兢兢中；如果你可以再次玩耍、重新感知喜悦或欢乐，这意味着你没有完全被恐惧裹挟。你不可能在谨小慎微的同时做到收放自如。在嬉闹中，你会自然而然地学会放手。

积极助人

焦虑和抑郁都是专注于内心的状态，研究人员和临床医生长期以来一直认为，积极助人有利于人们的身心健康。几十年来的数据表明，参与志愿服务可以改善人们的情绪，减少自我关注和思维反刍，提高解决问题的能力。它自然而然地增加了与社区其他人建立连接的机会。我刚到镇上的时候，加入了一个当地的志愿者组织，这一组织主要致力于帮助陷入危机中的妇女和儿童。在这里，我认识了很多女性。在刚开始接种新冠疫苗时，我认识了很多自愿接种的退休医疗保健专业人员，他们受到了极大的赞赏。

关于积极连接的一个很好的例子就是让年幼的孩子和"爷爷奶奶"配对。由于这对孩子和老人两个群体都有明显的好处，这样的项目存在了好几十年，随着 2015 年埃文·布里格斯（Evan Briggs）的纪录片《生长的季节》（*The Growing Season*）的推出，这个项目越来越受欢迎。该纪录片呈现了华盛顿州西雅图普罗维登斯山圣文森特跨代际项目的惊人的益处。1991 年，他们在一处老年生活中心的基础上建立了一个托儿所和学前班。布里格斯对于"现代社会如何对待老人"这一话题很感兴趣，她花了一年时间在那里拍摄，记录年幼的孩子和老人之间的互动。最后的发现和收获超出了她的预期。在 2015 年的一场 Tedx 演讲中，布里格斯说："我想我在这个项目中逐渐明白，与他人在一起的行为本身就是对他们作为人的内在价值的肯定。"

帮助他人可以强化你的自我概念；你认为自己是一个有贡献、有价值的人。许多学校已经意识并享受到了青少年志愿服务的好处，现在还包括毕业时的社区服务时间。由维克森林大学的帕里萨·巴拉德（Parissa Ballard）主导的一组研究人员进一步给出了人际交往的建议，他们认为社交不是一种辅助手段，而是必不可少的治疗方法。在 2021 年 5 月发表的一篇文章中，他们强烈建议将志愿服务纳入青少年抑郁症治疗，文章里写道："我们建议，将志愿服务作为青少年抑郁症临床治疗的一部分，它将成为青少年干预的强有力的措施。"

在疫情封控期间，以及随后 2020 年秋季开学（还有 2021 年再次开学）时，我告诉每一个愿意倾听我的人要去实践我简单地称为"照亮别人的每一天"的倡议。我希望学校、家庭和机构能在一周中选择一天（或者两天乃至七天），引导每个人做三件简单的事来照亮别人的一天。"你甚至不需要认识这个人，"我说，"你做的事情可以很小，但必须保持一致，用语言表达出来，而且作为一种价值观被人接受。"这种与人为善的想法并不是一个原创的概念，但我希望它被实施和认可，因为新冠疫情让人际交往的能力都快退化了。孩子们错过了一两年的社交活动。当我们缺乏练习或完全忘记一项技能时，刻意、努力的练习会让它变成一种本能。建议你和家人一起试试。

你可以刻意做些什么来提供帮助？在牺牲自己的前提下，你是如何增加与他人建立连接的可能性的？你怎样才能摆脱内心的关注？你又该如何说服自己不去努力？你是不是不够聪明、不够有爱心、不够有条理？还是你太忙？哪些老生常谈会让你沦陷？你会如何说服自己？你想得太多吗？你会选择非黑即白的思维模式吗？你就是这样与世隔绝的吗？

积极寻求帮助

除了帮助别人，主动寻求社会支持也会增加幸福感，减少孤独，因为寻求帮助是一个积极的过程。我当然知道寻求帮助感觉上有风险，但不寻求帮助对你的幸福感和人际关系的风险更大。被动是焦虑和抑郁滋生的根源。我常和那些需要帮助但又期待别人发现他们需要什么的人交谈。如果别人知道你要什么还主动提供，会让事情变得更简单吗？

你是否陷入了这样的陷阱：相信真正爱你的人不需要你开口就知道你要什么？我们永远不要再这样了，好吗？"如果你真的爱我**就会知道**"这种想法简直就是无稽之谈。要通过直接交流增加你得到你想要的东西的概率。（同样，如果你不知道如何做到这一点，接受治疗也可以帮助你学会这些技能。如果没有人教过你，你当然不知道；这都是后天习得的。）**不提问，不求助，不表达**，那么内心的孤立感就会愈发严重。只有被动和回避，你是**无法得到你想要的**东西的。

　　说到被动，留意一下你是如何使用社交媒体的。正如我之前提到的，社交媒体的使用很快就会沦为负面攀比。有趣的是，在疫情期间，使用社交媒体更多的人孤独感也更强，但如果利用社交媒体去寻求社会支持，就会少一点孤独。艾利·李斯蒂莎（Ellie Lisitsa）和她的同事们发现，社交媒体和寻求社会支持之间存在复杂的相关性，这似乎取决于你是被动还是主动，他们得出的结论是，社交媒体总体上没有帮助："有一部分社交媒体具备自适应性寻求支持的功能，但在疫情期间，社交媒体（整体而言）与孤独感的增加是相关的。"现在我们已经走出了疫情的危机，但疫情的影响将如何在我们前进的道路上如影随形？

需要思考和记录的问题
关于分享和连接，你了解哪些信息？关于自曝糗事或家庭秘密，是否有什么明令禁止或隐形的规定？
谁曾经、现在或者将来可以成为你的健康人际关系的榜样？（提示：这个人必须是一个真实的人，你真的认识的人。）
你有什么能力或特质可以帮助你建立连接，哪些地方需要改善或调整？
你以前是如何分享你的技能、才华或自我的？结果如何？如何才能再来一次？

第五章

制造混乱以及忙碌的诱惑

负面思维:

忙忙碌碌和日程爆满如何加剧

焦虑和压力

Part 05

生活不仅仅是匆匆赶路。

——莫罕达斯·卡拉姆昌德·甘地
（Mohandas Karamchand Gandhi）

光忙是不够的，蚂蚁也很忙。我们必须扪心自问：我们
在忙什么？

——亨利·大卫·梭罗（Henry David Thoreau）

功夫不负有心人。很长一段时间以来，这一直是人类公认的价值观。于公元前八年去世的古罗马诗人贺拉斯（Horace）曾说过："不努力工作，生活就不会给予我们这些凡人任何东西。"

但在我们的文化中，一个新的现象是对"忙碌"的痴迷、赞赏，甚至是崇拜。这无关为了生存和供养**必须做什么**，而是对在同一时间处理多少工作以及在这一过程中承受了多大压力的钦佩。超负荷工作、压力过大已经成了一种社会荣耀，我要说的是，我这里要讨论的显然不是努力工作养家糊口。这种忙碌不是出于生存或必需的行为模式，而是一

种由截然不同的需求所催生的社交和焦虑模式。这无关为了
缴房租同时兼两三份工，也无关下班回家去照顾年迈的父
母。忙碌成了一种特权，基于选择，而非强迫。在某种程度
上，它是一种结果，是非常现代的特权阶层对于工作／生活
二者间平衡追求的结果，而这种平衡往往是人们难以捉摸却
梦寐以求的。

在我看来，问题在于在这种情况下对**平衡**的定义毫无
帮助，它似乎偏向单一的方向。在忙碌的文化里，做减法是
无法达到平衡的，少做一点也无法达到平衡。只能通过做加
法，在跷跷板的两端加越来越多的筹码，来努力平衡我们摇
摇欲坠的生活。你能想象跷跷板紧绷弯折的画面吗？就像是
"努力工作，尽情玩耍"这个口号。我们只是需要一种方法，
在同样的时间长度里做到更好（或者通过剥夺睡眠来"创
造"时间），弯着腰，负重前行却不崩溃。

这种方法管用吗？其实没用。女性尤其容易感受到责任
和义务。她们努力追求家庭、工作、生活的对等、均衡，反
对基于性别的家庭劳动分工。但女性寻求平衡和公平的愿望
与我们将其变为现实的能力并不相符。疫情前后的统计数据
一致表明，不管收入高低、是否有工作，女性承担的家务和
对孩子的照顾明显更多。2020 年 5 月，在封控最严格的时
期，克莱尔·凯恩·米勒（Claire Cain Miller）在《纽约时报》
的一篇文章中写道："封控期间，70% 的女性表示她们承担

了全部或大部分家务劳动，66% 的女性表示她们负责照顾孩子，这一比例与平时基本相同。"结果呢？研究发现，女性被诊断患有焦虑症的可能性是男性的两倍。

我们总嚷嚷着想要改变这个现状——我们是认真的——但仍然无法做我们需要做的事情。当我们深入研究这种忙碌模式，以及我所描述的制造混乱的文化时，让我们看看是哪些因素起了作用。我们是如何走到这一步的？我们又如何受困于此？忙碌的模式会让我们更焦虑吗？

你是否长期处于忙碌的压力状态中？你经常用相关词语描述你的生活吗？

你是否经常觉得有太多事情要做，以至于你无法集中注意力或精力去做任何事情？

你是如何带着内心的混乱状态生活的？什么对你的忙碌影响最大？

如此忙忙碌碌，你是怎么想的？你为什么喜欢这种状态？

更多的诱惑，一心多用的迷思

1992 年，我的丈夫和我刚结婚，我们带着家里那只暴躁的猫搬到了宾夕法尼亚州，我的丈夫在那里的一家制造公司找了份工作。每年年底，公司都会举办一次宴会，员工们会因各种成绩而受表扬。近30年过去了，有一年晚宴的情景我至今记忆犹新。我们在一家酒店的宴会厅和另外几对夫妇围坐在一张大圆桌前，好几位高管宣布退休，并获得工作年限奖。随后，公司总裁走上台，给一位高管颁发特别表彰。总裁告诉大家，在过去的几个月里，休（Hugh）的孩子做了开胸手术，还出现了各种并发症。然而，尽管这段时间充满挑战和压力，休还是完成了一笔重大交易。休对公司的贡献超出了预期。他很好地平衡了工作和家庭。我简直不敢相信。**真的吗？**我琢磨着。我扫了一眼我们这张桌子的其他人。**真的吗？**

我早就知道，早上第一个到、晚上最后一个走的员工会受到赞赏和奖励。公司准备了小礼物——黑莓手机和车载电话，大家都很高兴，这可以激励员工做得更多，并一直保持在线状态。休走上台接受这些表示感谢的礼物，明确地表示：**搞定一切就是他的目标。**我迅速瞥了一眼休的妻子，试图猜测她在想什么；我一直在桌子底下踹我丈夫的腿，他不需要猜测我在想什么。

拜托！根本就不存在什么平衡。如果休的工作业绩没有受到影响——显然没有——那么其他的事情肯定会受到影响。但在1992年，"我们无所不能""我们能拥有一切"的想法备受追捧，而技术的发展也大有裨益。

20世纪90年代末和21世纪初，多任务处理／一心多用成了热门的新技能，并被捧为一种竞争优势。多任务处理被清楚地列在简历上。商学院开设了相关课程。新型手持电子设备被宣传为多任务处理增强器，可以帮助我们**完成更多的工作**。然而，激情是短暂的，特别是对于那些研究大脑是如何运行的人而言。

到 2008 年，诸多研究显示多任务处理效率低，而且存在风险。有一项研究发现，多任务处理类似于吸食大麻或智商下降好几个点。加州大学欧文分校的研究员格洛丽亚·马克（Gloria Mark）对办公室职员工作被打断的现象进行了研究，她发现从被电子邮件或电话打断中恢复并重新投入到原来的工作，平均需要 23 分钟。她还发现，许多工作被打断的人为了完成工作会加快速度，但也会因此付出代价。被打扰的员工随后被要求换个工作任务，他们接着会面临更大的压力、更强的挫败感和更紧迫的时间。驾驶时进行多任务处理/一心多用（发短信甚至打电话）的影响已经得到了充分的证明，它的后果类似于酒后驾驶。

一心多用的人相信（或希望）他们能够搞定一切，但这是不对的。15 年来，神经科学家一直在研究大脑一心多用的能力。可能吗？有用吗？关于这些原始问题的答案仍然是否定的。我们的大脑不能完全专注于多重任务，所以试图这样做就意味着某些事（或某个人）是做不到位的。克里斯汀·罗森（Christine Rosen）在 2008 年的文章《一心多用的迷思》（*The Myth of Multitasking*）中写道："当我们谈论多任务处理／一心多用时，我们实际上是在谈论注意力：集中注意力的艺术，转移注意力的能力，更宽泛地说，是对哪些东西值得我们注意的判断。"你、我都曾试着一边听伴侣或孩子说话，一边看电子邮件。我们做不到。我们从中选择一件事情是因为我们的大脑必须这么做。

如果你还是相信你可以集中精力同时做很多事情，如果你把你的生活设定成每天都在不断地从一个任务切换到另一个任务，那么你就是在给自己施压。研究人员很早就敲响了警钟，因为他们很快就发现了分散注意力的代价。通过一心多用来提高速度、产出和绩效是行不通的。科学很有先见之明地预测了我们当下的状况：更大的压力、更严重的焦虑、注意力不集中（尤其是儿童），以及更严重的抑郁。

忙碌就像是一个新开业的泳池

你就是**这么忙**吗？这也太疯狂了吧？你的日程表简直疯了！而且你的孩子也**这么忙**！

忙忙碌碌、日程爆满、压力重重成了常态。这也成了我们展示自己的价值的方式。如果你遇到熟人，他们告诉你他们有多闲，或者他们是如何过着没有责任和压力的生活，你会觉得很奇怪。你会判断，他们在做什么？这说明了什么？

他们很懒？紧凑的工作日程、太多的承诺，向我们自己和世界展示了我们是多么努力在工作，因此，我们是多么重要。我们的时间很宝贵，因为我们几乎没有多余的时间能分享。忙碌就等同于重要。

相信我，忙碌是令人着迷的。我很了解忙碌的陷阱。几年前，我每天的日程都排满了，筋疲力尽。如果我能多安排一场活动，多接待一个来访者，就意味着收入会更多。我要供两个儿子上大学，忙碌是理所应当的。所以我的时间才排得满满的，对吧？没那么简单。当社会学家观察人们忙碌的趋势时，他们的发现非常有趣。基于对忙碌的现有研究，创造这样一种"生活方式"其实与金钱无关。哥伦比亚商学院营销学教授西尔维娅·贝勒扎（Silvia Bellezza）主导过一个研究，该研究是关于如何提高社会地位和你在他人眼中的价值。当某个东西稀缺时，它就会变成一种有价值的商品。公开吹捧金钱是不被接受的，但如果你很忙，你的时间变成了稀缺品，那么你就会去吹嘘、不停地吹嘘你是有价值的。甚至广告商也在努力以忙碌为由而吸引我们。他们告诉我们，我们需要他们的产品，因为我们这些无所不能的、了不起的消费者根本没有时间自己动手。

Keurig 咖啡机的广告文案是这样写的："我们爱上这款咖啡机，因为它可以每次只做一杯，是那些忙忙碌碌、事业第一的朋友的完美选择。只要一杯咖啡，就可以继续赶路！"或者，更棒的是 Hatch 的闹钟广告："这款闹钟会温柔地唤醒你，还是一款能伴你入眠的音响。如果你因日程爆满而失眠，这将是你的首选！"

贝勒扎和同事们发现，那些显得很"忙碌"的脸书帖子会让人感觉职位更高。悠闲的生活曾经是特权阶层的象征，现在却被人嗤之以鼻。研究人员写道："人们在社交媒体上公开炫耀自己的工作量，抱怨没有休闲时间，以此来显示自己身居高位。"他们发现，忙得不可开交成了一种新型自夸，低调的自夸。

"又是一个忙疯了的周末！我刚出差回来，特别疯狂！（又是这样！）还有两场足球赛，一场摔跤比赛，还得送卡拉（Carla）去上班照料孩子。我喜欢孩子们这么有激情，但是，嘿，我已经筋疲力尽了！"

"什么时候才是个头？我的学姐正在努力申请大学，准备音乐剧预演、大学面试、学校作业、VLACS（虚拟特许学校）、SAT 考试、找工作，这一切都发生在疫情期间！她非常骄傲自己这么牛！"

"祝所有好久不见的好友节日快乐……想你们！我的工作太忙，没有时间。要是能在圣诞树下收到一盒时间作为礼物，而不是一箱酒就好了！哈哈！"

更重要的是：那些对工作抱怨最多的人可能并没有那么

努力地工作。约翰·罗宾逊（John Robinson）对美国人如何利用和安排时间进行了研究。他发现人们经常高估自己的工作时间，低估自己的睡眠时间（要知道，低估睡眠时间也是失眠症患者的一个共同点）。有趣的是，报告的工作时间越长，估计的误差就越大。那些人估计自己每周工作 75 个小时，但与真实工作时间的误差高达 30 个小时！

当然，这种现代的（荣耀的）价值观正从父母一代传给孩子。很多家庭经常告诉我，他们有多忙。父母取消（和焦虑专家的）预约，因为他们没法安排好自己的日程。有时候，他们在我的办公室里抱怨他们没时间做我布置的治疗作业，或者试图说服我相信，他们 11 岁的女儿——过度焦虑的孩子——自己负责安排每周 20 个小时的舞蹈练习。"我们完全没有逼她，"他们说，"都是她自己安排的。"也许这是真的。这种在近乎混乱的边缘忙得不可开交的文化是如此泛滥，孩子们都已经不再需要一个强迫症父母来督促他们。身边的同龄人、学校和社交媒体已经将它视为必须和令人钦佩的行为；这个榜样就这样在他们仍在发育的大脑中被展示、被赞美。

从一场预定的活动匆忙奔赴下一场活动，给孩子们展示忙碌是一种生活方式。我们看不到散漫、无组织的玩耍有什么好处，我们的孩子也已经学会了这种价值观。我的一名青少年来访者给我描述如果她的父亲发现她什么都不做时会发生什么。"他会对我说：'如果我看见你闲得慌，我想知道你事后会不会后悔你现在**不够努力**。'如果我闲着，我会感到非常内疚。"因此，她非常卖力地工作。对她来说，空闲时间已经变成了需要去偷、去藏的东西，就像晚饭前偷偷吃块饼干一样。她渴望它，却不能真正享受它。就像是空的卡路里。

几个月前，我答应和一位高中学生聊一个学校项目，这是我很乐意偶尔去做的事情。对于孩子们提出的要求，我都会答应。我提供了一些工作日的时间供选择，也告诉她我的周末时间也非常灵活。我们大概需要 15 分钟的通话时间。她给我回邮件说："但是这个周末我真的很忙，我们可以另找时间吗？"我和一位教师朋友提起这件事，她说："是的，他们沉浸于这种忙碌的状态。"

如果你是家长，你的孩子是如何听到和回应这些关于忙碌和价值的信息的？

在你的家庭里，社会力量是如何影响你和孩子对于忙碌和压力的看法的？

关于忙碌和压力的价值，你都传达了哪些复杂的信息？

忙忙碌碌和过度负责：取悦者的魔咒

2020 年 3 月，世界几乎停摆，妮娅（Nia）却欣喜若狂。当我们都认为这只会持续几周或一个月的时候，她仔细考虑了她将被迫抛弃的许多责任。她别无选择，只能说不。那感觉就像是天堂。那是一种奇怪的感觉，既羞愧又释然，她意识到自己需要一次疫情才能从忙碌中解脱出来。

妮娅知道她的生活超负荷了。她开玩笑说自己无法拒绝。她告诉别人，帮助他人让她感觉很好，而且竭尽所能地去帮助他人是她自己的选择。但在内心深处，她觉得这并不是什么选择。妮娅经常感到内疚、焦虑，她害怕对他人的求助说不，不管她的理由是多么合理，她都会把别人因此而承受的痛苦怪罪于自己。

她做每一件事，都希望没有任何人会因此失望、愤怒或受到伤害。当然，这并不管用。妮娅总是迟到，让等她的人很失望；她经常把行程排得过满，然后不得不在最后一刻取消其中一个，或者试着匆忙、敷衍地同时应付两件事情。

看妮娅的生活，就是见证了一个充满压力而且往往不那么真实的人的日常生活。她的真实感受是什么？她真正想做的是什么？为了履行她承诺的事，她总是撒谎。"一点也不麻烦，"她会说，或者"太抱歉了……堵车了，所以我迟到了！"人们看着她匆匆忙忙地从一个地方奔赴下一个地方。在外面，她几乎总是微笑着，对人们的感谢和关心挥手拒绝。每当按捺不住的怨恨终于要浮出水面时，她就把它压回去。人们建议她更好地规划日程或管理时间，但这并非问题所在。

妮娅和他人几乎没有任何真正的连接。她善良、可爱，但无法信守诺言，对自己的感情或欲望也不够坦诚，这让人们很烦她，也对她很失望。妮娅是讨好型人格，她制造忙碌和偶然的混乱，就是为了避免在人际关系中出现任何明显的冲突。但是随着时间的推移，即使是那些最了解她的人也开始觉得她总是以自我为中心，让人疲惫不堪。

助人是一件美妙的事情。我以助人谋生。我知道这种感觉很好，我也很感谢我身边所有伸出援手的人。

但是像妮娅这样的讨好者，一开始是真心想要帮助别人，后来也可能是出于取悦他人而这么做；他们会为了寻求认可、避免不愉快而把自己消耗殆尽。这样做很诱人，直到有一天它成为你的一部分。就像妮娅，最终会感到被困住了，被疏离了。这种类型的忙碌，这种为刻意制造混乱找借口的行为，也可能是出于一种扭曲的责任感，而这种责任感无疑影响了妮娅的思维模式。她害怕自己给任何人造成痛苦或忧虑，无论是小苦恼（**如果我给女儿缝的戏剧服不够完美，看着很糟糕怎么办？**），还是令人不知所措的大烦恼（**如果我没有总是陪着我的表妹吃午饭，她最后抑郁了怎么办？**）。

过度负责，在极端的情形下可能是强迫症（OCD）的一种。你觉得必须得帮忙，如果你不帮忙，**就会发生可怕的后**

果。拒绝和设定界限完全不在你的选项中，你将因此生活在恐惧中，你害怕对可怕的后果负责。不管出于什么原因，如果你不能或没有帮助别人，你就会被后悔和责任困扰。那个孤零零地坐在长凳上的人万一走丢了呢？我为什么没有停下车问问他还好吗？那个上班的人哭了，万一因为我只管自己没有问问他，他回家自杀了呢？和强迫症的其他症状一样（还记得完美主义吗？），这种没必要的过度负责可能会被那种将其视为积极价值观的社会所误解。但是，当全世界都在远远地赞赏你的时候，那些和你最亲近的人，包括你自己，却因为做得不够而一直感到焦虑和压力。

妮娅并没有强迫症，但她无法设定边界，无法承受别人的失望，也无法意识到一直忙忙碌碌的代价，而这让她付出了巨大的代价。她急切地期待为每一个人做好每一件事，向外界展示她的能力，就像前面提到的其他忙碌的例子，但事与愿违。歌手艾德·希兰(Ed Sheeran)说得好："我无法告诉你成功的关键，但失败的关键在于试图取悦每一个人。"妮娅会放弃这种模式吗？我不确定，因为不那么忙、不制造混乱、不再对人过度负责，就意味着迈出了最可怕的一步：回归自己的生活，需要承担由此带来的一切感受、人际关系和不愉快。忙碌会助长逃避，而我们也都知道，焦虑是多么喜欢逃避。

忙碌即逃避

忙碌是一个分散注意力的机器。生活在混乱的边缘让你无法真正地与自己的想法、需求或情感连接在一起。正如我在第一章中所说的，许多治疗焦虑（或努力自控焦虑）的人把分散注意力作为解决焦虑的办法，甚至更糟的是，把它作为消除焦虑的办法。我对此表示强烈反对，因为它传达出来的信息是，你无法处理你内心的感受或想法，所以你会被内心深处的这些东西压倒。相反，你制造了可控的混乱。你寻求被社会接受的"令人不知所措"的外在感受，从而让自己不用承受那些平静的时刻。"平静？"你咕哝道。是的，我听见了，我感觉到了。接下来听我说。

诗人哲拉鲁丁·鲁米（Jalal al-Din al-Rumi）写道："你越安静，能听到的东西就越多。"这让我们很多人都害怕得要死。所以我们一如既往，抱怨着没完没了的工作，迫切地想知道怎样才能把这一切做完，同时再增加更多的工作。当你的生活充满了任务、安排和义务时，你会避免触碰你需要或想要改变的事情。你把要做的决定推迟到"合适的时机"——当生活安静下来的时候。

但那是什么时候呢？在疯狂的现代世界，安静和独处已经成为令人生畏的事情。如果你和我年纪相仿，应该还记得 20 世纪 90 年代中期，冥想和正念是如何在美国成为主流的，主要是因为乔·卡巴金（Jon Kabat-Zinn）。几个世纪以来，尽管冥想一直是各种心灵练习的一部分，但在我们年少的时候，它并不是常态，甚至对我们大多数人来说，冥想是陌生的。和现在很多孩子不同，我们当时没有接受过这样的训练。这是一种新的技能，有新的语言、课程和工作坊。当我们从一心多用转向正念，然后转向智能手机，并用智能手机练习正念时，我们的脑袋一直在运转。我们仍然在忙碌。

基于我已经说过的所有原因，"慢下来"对我们很多人而言都很难，就像成年人学游泳或骑自行车一样。**我必须保持平静？我必须坐在这个乱糟糟的地方？我必须了解自己？**我相信这种认知导致很多人没有去寻求心理治疗。听奥普拉节目的时候你觉得很有可能去尝试，但当有事情等着你去完成时，你的内心就开始纠结。"我不想安静地面对内心的想法。我不想独自思考。我不想质疑我的人生。我不想知道！"

有时候你就是不想去感受。我从很多人那里听到过这样的表述："如果我慢下来，让自己变慢，我恐怕永远都走不出来。如果我开始哭泣（或生气、害怕……），我就永远都没法停下来。最好还是让自己忙起来。"最好继续往前走。

然而，事实是，打造一种忙碌的生活并不能让你摆脱任何东西。愤怒、怨恨、忧虑和悲伤都是人类的情感，它们会自己找到出口的——挤出一条通道——并把你拖回去搏斗。你可以试着通过专注于眼下所有你需要做的事情，以及所有你必须履行的义务，来摆脱内心的不适和外部的冲突。但这些都行不通。如第一章所述，拒绝和否认，只会让你更焦虑。

思考一下，你身体和心灵的哪个部位感受到了压力？如果有太多事情要做，你会出现什么慢性疼痛或症状？会有哪些影响？比如你的睡眠、食欲、性欲、耐心，或你的背部、头部？你的人际关系如何？我希望你能真诚地反省，忙碌是不是让你感觉更好？如何让你感觉更好？在哪方面感觉更好？

忙碌还是平静？不要走向绝对

如果你过着忙碌的生活，非黑即白的思维模式很可能是你的主要思维模式。当我谈到"平静"时，你几乎会条件反射地回应："我哪有时间冥想！"或者"我怎么可能**放空**大脑？"我完全理解。我最近看到一个建议，每一天开始的时候先花一个小时冥想，远离一切电子设备，保持平静。**一个小时？**我冷笑道。实话说，这对我来说太长了。但如果是三分钟，我能坚持吗？五分钟呢？你能坚持吗？

我不需要上 90 分钟的瑜伽课，但我可以每周跟着视频练习几次瑜伽，每次 10 分钟；或者我可以绕着小镇走一大圈，专注于某个发人深省或有趣的播客节目；或者任由自己沉浸于各种思绪中。我不需要对任何人负责。有时我静静地走了好几英里，想象力尽情放飞，情绪恣意蔓延。对我而言，平静是积极的，尽管听起来很矛盾。我在散步或徒步的时候会冒出很多想法。有时候我会因为各种原因或者毫无理由哭起来。忙碌的反义词并不是虚无。平静也不意味着静止不动。

我们的目标不是过上僧人般的生活。高效甚至忙碌是很好的，也是必要的，尤其是当你有事业，上有老，下有小，而且生活中安排了很多有趣的活动时。但如果你把日常工作都当成紧急事件，总是刚应对完一个危机又开始解决下一个危机，那么你可能就是个混乱制造者；如果你把日子过成了拆弹日常，每一秒都在决定是该剪红线还是剪蓝线，那么你可能也是个混乱的孵化者。

忙碌有一套自己的模式，它既是必要的，又是不受你控制的。你的焦虑是否要求你一直保持忙碌，而你却告诉自己是生活忙碌导致的焦虑？这是一个你无法解决的悖论，除非你给自己留出空间。这种忙碌不会只发生在你的身上。你在此扮演着重要的角色，你是自己的生活的煽动者，有意地或无意地。让我们积极有效地解决忙碌，培养一些技能，去改变生活。

怎么做

提出难题（并倾听答案）

如果你在这一章中看见了自己，那么是时候问问自己和身边的人一些棘手而微妙的问题了。听听你得到的回答吧！我发现，当人们收到一些关于忙碌的影响的反馈时，他们会很快点头认可，但不太可能对此采取任何行动。当你提出问题并得到答案时，请注意回答者最初的认可，因为它让人感觉到价值感（"谢谢你注意到我有多忙！"），然后他可能会对任何事情都可以被改变的想法予以否认（"但我真的无能为力"）。

问问你信任的家人和朋友以下难题。告诉他们你为什么要问这些问题，你很看重他们真诚的反应。如果你经常吹嘘或抱怨生活繁忙，却并没有采取任何措施，那么其他人可能已经学会了点头、同意，但把真实的想法埋藏在心里。他们需要知道这是一场截然不同的对话。

- 我 / 我们的忙碌对你有什么影响？我做别的事情时，你是什么感觉？
- 你希望我（和你）放弃哪些责任？
- 我是否经常抱怨自己多忙、压力多大？

- 你认为这是我们的家庭特征吗？你是如何接受这种生活方式的？
- 你的忙碌和压力与价值感有什么关联？
- 如果不那么忙的话，你觉得我们家会有什么变化？哪些会让你感觉更好？
- 当你告诉我你已经不知所措的时候，我听进去了吗？我是如何回应的？
- 你在别的地方听到过忙碌的信息吗？在哪里听到的最多？

接下来问问自己以下问题：

- 这种模式有什么好处？它有什么诱人之处？
- 你如何提升自己的这一方面，使它成为你的一部分？你会在社交媒体上低调地吹嘘自己很忙吗？当别人也这么做时，你会如何回应？
- 谁支持这种模式？谁从中受益？
- 你如何证明它对你自己和他人产生了影响？你自己和他人因为你的忙碌付出了什么代价？
- 你是否谈论、抱怨过自己忙碌的生活，甚至寻求过建议，但并没有采取任何行动去改变它？
- 你如何对你收到的反馈做到置之不理的？又如何认为这些反馈不适用于你？

如果你已经为人父母，我强烈建议你马上和你处于幼儿期或者青少年期的孩子开门见山地谈一谈。在过去的十年，这种忙忙碌碌的模式蔓延到了青春期，甚至是幼儿期，这些年龄段的孩子中出现了越来越严重的焦虑和抑郁。关于"自由"时间，孩子们需要你的支持、许可和示范。很多孩子在日程爆满的环境中长大，他们不知道在没有电子屏幕的情况下该如何玩得有创意、让自己高兴。

我和一些焦虑的家庭交谈时，父母们经常告诉我，和孩子们一起度过的被排满日程的周末是最糟糕的。那些日子被各种琐事、活动和工作挤得满满当当；父母们想要慢下来，放松一下。但与此同时，他们的孩子根本不知道怎么应对松散的空闲时间。一个 10 岁孩子的家长告诉我："我们一直试着减少干预，但她需要一个时间表，要确切地知道每一天大概是怎么安排的，否则她会很紧张。她反反复复地问我们在做什么，或者什么时候走。"对于这个家庭和其他许多家庭来说，匆匆忙忙很正常，平静或松散随意地玩耍——没有电子设备——反而让人感觉不舒服、焦躁、不安。

想把日子安排得满满当当，但也知道这样做会带来压力，如果你能承认这个悖论对你而言是很有帮助的。问问你的家人，什么时候以及如何才能获得平静或满足感。如果你和你的家人从未尝试过这个办法，那么即便是短暂的平静也很重要，**这样就不会陷入非黑即白或者不知所措的境地。弄**

明白他们想要改变什么，以及需要你做什么。问问你的家人："你什么时候最着急？我该怎么做？如果你有一段时间没有安排活动，也没有能看的电子设备，你会做什么？"

学习如何说"不"以及何时说"是"

在《老友记》的第一集，乔伊（Joey）请菲比（Phoebe）帮忙组装家具。菲比说："哦，我希望我能答应，但我不想这么做。"太妙了！

如果你陷入了忙碌中，最重要、最具体的改变就是说"不"。这听起来很简单。但就像那句老话说的，如果真那么简单，每个人都会去做。有效地说"不"，需要几个关键的步骤，就像烘焙新手学做馅饼皮或新手司机学侧方停车需要一系列步骤或技能一样。如果忙碌是你的人生价值的一部分，那么你就会在大脑中开辟一些新的路径。这需要练习。

如果你总是很快就答应——即使你明知道你想说"不"——那么以下这些关键技巧能帮助你打破"自动说'是'"和"因为内疚说'是'"的循环。

- **给自己留出一些时间。**当有人向你提出要求，你需要仔细考虑才能答复，有这么一些现成的回答，比如"太感谢你的邀请……但我需要先查看一下我的日程安排"或者"我稍后回复你"，这些都很好。接听电话之前先扫一眼，第一时间知道是谁在找你，就不会感到压力。在回短信或电子邮件之前，留出点时间想一想。这是被允许的。

- **在答应之前，预演一下事后会怎么想，防止你后悔。** 想象当事情、任务或工作到来的那一天，你会是什么样子。那时你会是什么感觉？几年前的 2 月份，有一个非常好的机构邀请我参加 5 月的某个周日下午举办的一场活动。我当时几乎是下意识地觉得有义务答应。这是一件有价值的事情，我当然没有为那个遥远的星期天做任何具体的规划。我的丈夫建议我想象一下，5 月的那个星期天，新罕布什尔州的天终于放晴，群山在呼唤着你。我还知道接下来的几个月我的日程都排满了。我会很累。"如果你现在同意，那么那一刻到来时就不要抱怨。"他说道，"为了防止后悔，你需要事前考虑好。"我可以清晰地想象到 5 月份我开始抱怨，因为我已经知道了我想说不。于是我拒绝了。

- **偶尔说"是"。** 基于充分的理由，有时候我们会对不想做的事情说"是"。我再说一遍，我们讨论的不是非黑即白的问题。我们在这里要摒弃的是那种重复的、条件反射的、被强迫的"是"。拟一份简短的清单来引导你决定是否说"是"。是否有些人需要你的帮助？你偶尔需要赚钱吗？你喜欢这项活动吗？如果结果介于"是"与"否"之间，那么标准可以灵活点。

- 准备好几个标准的回答模版"说不"。要简短、礼貌。人们在说"不"时犯的最大错误就是强迫自己解释并给出各种细节。我从朋友那里学了一句"对不起，这对我没用"。这句话改变了我的人生。

- 准备好承担后果。当你说"不"的时候，人们会有各种各样的回应。有人理解，有人生气，有人当面理解但是背后生气。你需要培养哪些技能？你不知道别人对你的拒绝是什么感觉，更棘手的是，当他们直接告诉你他们对此表示失望或不赞成时，你是否能招架得住。他们可以这样想，而你也仍然可以说不。还记得第四章里的科尔顿吗？为了避免冲突，他过度温顺。如果你一直用忙碌来避免冲突，那么如果你做出更好的选择，别人因此失望，这说明你进步了，尽管这听起来很奇怪。

- 你还必须容忍你在与人打交道时无所不能的状态以及你对自我价值的界定将发生变化。你被认为是一个无所不能的人吗？人们是否对你的忙碌感到惊叹？这种认可感觉就像是一种激励，对工作狂来说简直就是一剂药。也许你的目标就是被别人以那样的眼光看待，得到一点点认可。那么接下来，你的新目标就是不要那么频繁地将自己定义为忙碌、压力大。留意一下，当别人说"你好吗？"时，你是怎么回答的。写下四个改变语气的真诚的回答。"我真的很享受××"，或者"我离开了××，这是一个很好的决定。"看看你在社交媒体上发布的那些帖子；如果能彻底远离社交媒体就更好了。停止你那"忙疯了"的自吹自擂吧！（你会发现别人经常这样形容自己，太泛滥了！）

注意一心多用

这可能是一个很难改掉的习惯，但我希望那些令人信服的研究能带给你启发——这些研究表明来回切换工作任务极为低效。最终，忙碌更多的是**感觉**忙碌、有价值，而不是真的**富有**成效。电子设备很有诱惑力；如果你希望自己能做到不查看邮箱或者不关注收到的新通知，这显然是要求太高。写作时，我通常会关闭 Wi-Fi，但也不是一直这样。那些短信很有趣！那些邮件也很重要！但我知道一旦我设定了一些限制，就会产生积极的影响，我因此能完成更多的事情。你需要坚持不断地调整。

请把这些信息分享给你身边的年轻人。尽管多任务处理课程已不再是商务培训的一部分，但和我交谈过的很多年轻人仍然相信，他们一心多用不会产生负面影响，甚至可以用他们认为有助于提高效率的方式进行。这让我想到了一个说法：人们认为酒后驾驶技术更好。那么多人一边开车一边发短信，这表明我们的思维是多么不理性、多么僵化，我们多么沉迷于做更多、更多、更多的事情，并相信我们可以完成，无须付出任何代价。

想一个简短、甜蜜、简单的口号

我再说一遍：在过程中不断进行调整是正常的，也是必要的。当你了解你如何"处理"你的忙碌时，你就需要对路线做一些小的校正，所以我希望你能想出一个简短的口号，当你发现自己忙得团团转时，能帮助你重新开始。在你快要说"是"而不是"不"时，让内心"稍等片刻"，如同一个打断者，授权你自己从忙忙碌碌中后退一步，**重整旗鼓**。

多年前，我参加了一个小型的培训，有一个机会能帮助我解决个人问题和职场瓶颈。我知道我面临什么难题：我的儿子们还小，我休息了几年之后开始把更多精力投入工作。事实上，因为培训，我有几天不在他们身边，事业、孩子们的需求和我应尽的义务让我不知所措。站在理性的角度，我知道，如果我想做得更好，就需要设置一些界限。但（对成年人，而不是我的孩子）说"不"很难，尤其是当有人逼着我说"是"而我会因为拒绝而感到内疚的时候。

"看来你需要坚决一点"，一位同事建议。于是，我们决定必须这么做。当我在电话里回应一个请求时，我真的很坚决。我跺着脚，像倔强的孩子或愤怒的马一样。电话那头的人没有听到，也没有看到，但我感觉到了。对我来说，这是一个信号。虽然听起来很傻，但我想到了培训时同事提供的宝贵见解，我是可以说"不"的。

你也可以想一个简单点的词或短语，提醒自己。对于当下的你，这是口号，不是演讲。你会记得在第二章里，关于灾难化，我告诉过你要少说 85% 的话，不要再喋喋不休。同样的规则也适用于这里。让我们把这个比例提高到 95%。

佛陀说："一句让人平和的话胜过千万句空话。"

你的那句话或口号是什么？你想到了什么？

我目前最喜欢的是：**这不是紧急情况，或者归零重启**。这些都是你可以随意借用的，等你有更好的想法冒出来的时候再换。

现在试着做五次缓慢、深度的呼吸，每次呼气时，重复那个词或句子。

去吧，我会等你。哦，对不起，这个要求激怒你了吗？不管怎样，试着去做吧！下一章我们要探讨的是易怒，特别有用。

需要思考和记录的问题

这一章的问题很多，你回头可以再复习。下面还有几个需要思考的问题：

你想放弃哪些责任？

哪些事情是你真正喜欢的，哪些事情纯粹是出于义务的苦差事？

谁会因为你改变了忙碌的模式而对你进行最严厉的评判？谁不会？

当你开始改变这种模式时，你预测自己首先会注意到什么？

随着时间的推移，会有哪些更长远的好处？

第六章

易怒的人喜欢推卸责任

负面思维：

易怒和喜欢责怪人为何对你来说

是个警示

Part 06

如果每一次冲突都被激怒，我们怎么能进步呢？

——鲁米

我希望你在阅读前几章的时候有一些顿悟时刻，对某些模式或习惯如何助长焦虑或担忧有了新的认识。

等等，这就是我一直焦虑的原因？

所以反刍并不是解决问题的方法？

哎，我们全家人都有灾难化的思维模式……所以我是得到了曾祖母的真传吗？

但我可以自信地说，易怒对任何人来说都没什么不好理解的，尤其是在几年之后回看时。即使在状态最好的时候，人易怒也可以是正常的、频繁的。在艰难时期，人似乎一直都是动不动就生气、不耐烦和暴躁的。在这一章中，我不打算教你明白什么是易怒，我想你是知道的。但我确实会对人们日常的烦躁、焦虑和压力之间的关系提供一些见解。我会讨论一些长期易怒的相关风险。最重要的是，我会提供一些帮助，减少这一常见模式的出现。

当研究人员谈到易怒

关于易怒的研究，数量惊人，主要是因为长期易怒与一系列疾病，包括焦虑和抑郁相关。研究人员研究了人类情绪和行为的特定组成部分，试图寻找原因，发现相关性并提供预测。你抑郁是因为易怒，还是说易怒是抑郁的产物？如何根据孩子当下的易怒程度来预测未来可能会发生的问题？父母如何回应易怒的孩子，或者孩子如何回应易怒的父母？易怒会在家族里代际遗传吗？

有时，我发现这些数据对我的实践很有启发和帮助；有时，我很好奇这些研究人员是否和疲惫的父母、精疲力竭的护士或者被忽视的孩子们真正相处过。研究人员所使用的语言听起来与现实生活完全脱节，它让我想起大学里学习诗歌的经历，每个单词和短语都被拆开，正常的情感体验最终丢失了。有了这个免责声明，我现在向你简单地介绍一下目前的研究对于易怒的看法。

易怒这个词的定义是很容易生气，而且**一直处于愤怒中**。它在临床上被描述为一种无奖励的受挫的表达，是对目标受阻的一种反应。例如，在寒冬的清晨，我的汽车无法启动，导致我赴重要的约会迟到，我会对目标的实现被阻碍有一套全身的、完整的反应。你能明白吗？

严重的易怒会升级，导致愤怒大爆发，愤怒有时还具有攻击性。只有不到 3% 的人属于严重易怒，在现实生活中，这类人通常被称为"坏脾气"。更常见的是，长期的内心易怒会被其他人界定为焦虑或暴躁。长期易怒的人更敏感、更难以取悦，这使得解决他们人际关系中的愤怒问题变成一个恶性循环。让一个极易怒的人少发脾气只会让他们更易怒、更暴躁。

易怒反反复复、时有时无，这是很常见的，一些研究人员因此警告大家，要注意正常的易怒被过度病理化了。易怒是许多疾病的重要表现，包括焦虑、抑郁等，但易怒也是日常生活的一部分。我的目标是解决正常的易怒问题，这是我们当下文化的一部分——焦虑、压力过大，正如我一直在努力改变焦虑常见的模式，它困扰着所有人。如果你正在读这本书，想了解你自己的情绪反应和重度烦恼，也许是时候意识到你的易怒已经很明显了。如果你自己或其他人形容你长期且严重易怒，甚至影响你的工作、与人的交流，使你无法享受生活，请你一定寻求帮助。如果你的愤怒时常爆发，并造成了伤害，请你寻求帮助！

耳畔的嗡嗡声

花点时间回顾一下前面几章的内容，想一想你身上最突出的模式是什么，以及这些模式是如何与你的易怒和牢骚相关的。易怒是如何体现在你身上的？你是如何注意到他人易怒的？你是只在对某件事有压力时才感觉到易怒，还是说易怒是一种蓄势待发的内耗状态？你对自己和他人是否过于死板？你的日程是不是排得太满，以至于自己被消耗殆尽了？担忧是否将你从现实中抽离出来，让你很难处理眼前棘手的事情？

当你在脑海里高估了某个问题的严重性，或对某个困难思虑过度，那么你很容易会烦恼、暴躁。

我的朋友向我描述了她的"轻烦恼"——成年子女就业困难、母亲的疫苗接种以及其他事情——和她对待丈夫的急躁之间的关系。最近，她在提到自家车道上有一段结冰的打滑路段时对着丈夫大吼一顿。他根本不听，而她也无法容忍他的视而无睹。"放松点。"他告诉她。但这句话并不管用。

我喜欢"轻烦恼"这个词，因为这种程度的担忧和随之而来的烦躁不会是恐慌性的，或是紧急情况。我们最容易感到烦躁的时候，是我们日复一日被内心的各种焦虑模式困住的时候，我们因此筋疲力尽，感到疏离和割裂，同时还需要应对生活中接二连三出现的困难（比如结冰的车道），这些困难让我们疲惫不堪。对马蜂做出情绪化、恐慌的反应不叫易怒；易怒是对耳畔的蚊子不停发出的嗡嗡声忍无可忍。如果你曾经历过夜晚的卧室里有一只蚊子，你就知道它有多磨人。如果有五只蚊子，你基本会觉得自己要失控了。

焦虑讨厌被打断

每一种焦虑模式——从反刍到小题大做，再到制造忙碌——都渴望吸引注意力，它们不喜欢被打断。当我们困于内心、专注于焦虑时，我们几乎没有心思做别的事情。可以预见的是，当我们的焦虑模式被打断，我们会恼怒并很快恢复。一位女士给我描述她和她那极其焦虑的丈夫一起坐飞机的经历。飞机刚起飞时，她问了他一个无关紧要的问题。"别跟我说话！"他打断她，"我要让飞机保持在空中飞行！"他完全沉浸于自己灾难化的思虑中，在心里做着一切必要的仪式以保持冷静，保护自己，也保护其他乘客。

多年前，我有一个来访者，她总对她已经成年的孩子感到恼火。她说他们总是打断她，突然挂断电话或在谈话中转移话题。"问问他们为什么要这样做，"我告诉她，"告诉他们你要听诚实的答案。"我觉得自己已经知道答案是什么了。

和我谈话时，她总是跑题，谈论她所在的教堂或小镇里几乎不认识的人身上发生的可怕事情。她滔滔不绝地讲述着那些灾难，即使我指出那与她无关。

有一次她生气地对我说："好吧，如果你能让我说完，你或许就不会这么想了。"我明白，反刍给她带来安全感，仿佛她能通过不断地反思那些悲剧来防止厄运降临在她自己的家庭身上。她不同意我的观点。因为她的孩子和我都不愿意陪她一起反刍，我们成了她的思维模式中令人恼火的绊脚石。她想要的是反刍，以及一个专心的听众。

重复性消极思维者会因为被打断而恼怒，因为他们把对最坏情形的假想和解决问题混为一谈。他们想要预演各种可能性来做到保护和预防。一位朋友幽默地将她的丈夫的这一面命名为"旅行爸爸"。每一次家庭出游的前几天，"旅行爸爸"都会现身，这并不奇怪。他紧张，又有点苛刻，因为他会把每一种可能的后果都预演一遍，要么大声告诉家人，要么在脑子里回放。她说孩子们会以此开玩笑。"没人和'旅行爸爸'说话，他现在没空搭理人，因为他正忙着处理一场惨烈的车祸或者臭虫肆虐的麻烦呢！"孩子们知道他会暴躁，尽管他会把自己的暴躁归咎于孩子们，但是孩子们不觉得这是针对他们的。他认为任何打断都是不尊重，会分散他的注意力，使他没法集中精力思考他所担忧的事情。"你们随便开玩笑，"他说，"但我才是这里最负责任的那个人。"

她怀疑他永远都无法承认自己的担忧过于灾难化，也无法承认自己对他人的反应。幸运的是，这家人已经学会了幽默地化解这件事。他们感受不到被他责备的痛，然而对很多家庭而言，这并非常态。

余地越小，就越恼怒

完美主义的存在离不开易怒。那些有完美主义倾向的人，被困于非黑即白的僵化思维中，对自己和他人没有达到最高标准而感到恼火。如果你想成功地满足绝对化的、完美主义的要求，那么其他人要么远离你，要么全力配合。正如我们在第三章中讨论的，这很难实现。你和你身边的人都会为此付出代价。

你是否经常因为别人打断了你的完美计划或者打乱了你死板的日程安排而恼火？当然，事情搞砸的时候我们都会恼火，但这种感觉应该是时有时无的。它们应该是在特定情形下产生的，而不是不分青红皂白，任由情绪蔓延。你越死板，越追求完美，这种易怒就越会成为一种生活方式。这既是你与自己的一场持续的内在斗争，也是你与这个不完美的世界以及充斥于其中的不完美的、无能的人的外部冲突。

我去的健身房对面的房子完美得令人震惊，说实话，我从来没见过这样的房子——窗帘是如此对称，花园四周对称地种着一排排郁金香，完全密封的黑色车道上什么痕迹都没有。在一个温暖的周六清晨，我们一群人到户外停车场锻炼。当时已经快九点了，我们都是成年人，行为举止也都很得体。

我们刚开始锻炼不久，那幢完美房子的主人就出现了，她快步穿过马路，问我们是否得到了许可。"以后这会是常态吗？会有多少人参加？"我之前从未见过她，但说实话，她和我们的互动在我的预料之中。每当我路过她的房子，我会对自己说，**那一定很累**。结果她出现了，她的疲惫、控制欲和易怒已经蔓延到了街对面的一群人身上。不知为什么，我们干扰了她的完美计划，可能是因为我们太吵，在她的预料之外。她死板、易怒而且暴躁。她就那样**愤怒，而且一直愤怒**。

同样的道理也适用于那些日程排得满满当当、喜欢讨好别人的人，以及那些被困于忙碌中的人。听好了：如果你习惯了一种制造忙乱的生活，而且这种忙乱并非出于必要，而是出于我在前一章中所列出的原因，那么你肯定会易怒。

生活有时候也会很糟糕

酝酿已久、一触即发的烦躁是由多种因素造成的；但这往往是症状，而不是根源。不管原因是什么，那都是一件让人筋疲力尽的事情。尽管它可能是合理的，也可能是有效的，但你必须留意这种警告。引擎检查信号灯亮起，这是一个危险的信号。希望前面那些章节帮助你识别了自己的焦虑模式，这样你就可以采取行动摆脱它。要解决问题的源头，减少烦躁。你需要在什么场合说不？你的边界在哪里？你是

否在脑海里虚构了某个故事，让生活变得可怕，或者让人焦虑？

最后，我想明确地告诉你，你可能会易怒是因为过去的几年很糟糕。我写这本书是为了帮助你审视自己的思维模式，发现你如何被困于焦虑中。人们对焦虑的认识有限，所以会有误解，或者只是简单地忽略它、错怪它——所以我要在此澄清。但有时候，我们只是太累了。疫情的影响仍在继续，社会不公、种族不平等、阿片类药物危机、儿童心理健康、残酷的战争、对环境问题的关切……已经让我们消耗殆尽。有时我们确实困在焦虑中无法自拔，这会让我们更加烦躁。有时，烦躁只是因为生活真的很难。

我们无法消除烦恼，就像我们无法消除担忧、悲伤、愤怒或伤痛一样。它会出现，因为你是人，痛苦本就是人生的一部分。除了前几章提供的所有建议，这里还有一些更具体的方法可以帮助你控制你的烦躁，不管它为什么出现或者如何出现。

怎么做

接受它

易怒并不好玩，和易怒的人在一起也同样不好玩。更糟糕的是，易怒的你把你的急躁和偏执归咎于他人。有时你会变得易怒，因为你累了，你需要换一个新的能量炉了。蹒跚学步的孩子用你最喜欢的口红涂了个大花脸，鼻孔和耳朵里全都是口红（这是真实的故事）。你努力卸下你的完美主义，但女儿的一片狼藉的房间简直把你逼疯了。

那就接受吧。去清理一下。向任何听你倾诉的人宣布，你已经筋疲力尽了，或者你今天不太顺。在适当的时候，告诉他们原因。我之前说过，当你走向绝对化的时候，要对家人敞开心扉，要求重来一遍。同样的理念也适用于这里。

易怒是正常的，怪罪是伤人的。没有人能一直很快乐。我们经常因为一些不想要或不想引起的事情恼怒。但你不应该把糟糕的生活归咎于身边的人，尤其是当这种糟糕源于你没有处理好或者没有承认你的焦虑时。

1802 年，诗人威廉·华兹华斯（William Wordsworth）为人类与自然的割裂哀叹道："世事如此纷扰。"他现在会怎么想呢？如果你发现自己比平时更易怒；如果你筋疲力尽，失去了耐心，要知道不是只有你一个人这样。对他人敞开心扉；告诉家人，你正在解决。如果你知道自己易怒，告诉他们。"我很抱歉，这几天我一直很暴躁，我正在努力改正。"简单、真诚的话语会改变你的人际关系，并以你可能无法预测的方式打破那些有害的思维模式。

我的工作室紧挨着我的家，我可以在里面待上好几个小时。也许我在准备报告、约见来访者或写作。我回到家时，常对家人说："我提前道歉。我已经累瘫了，所以如果我很安静，如果我容易生气，如果我有点暴躁，这和你们没有任何关系。我就是累坏了，请给我几分钟时间。"

记录，简单点，早点开始

伊迪丝（Edith）是一名税务会计，在一次令人疲惫不堪的报税季过后她来找我。她在一家特许经营的大型税务服务公司工作。众所周知，她是个完美主义者，很享受与精确的数字打交道以及解决税务难题，但她对工作成果的期望很高，并不是每个客户都容易应付。我想这份工作是她的压力来源，也是她约我见面的原因，所以当我问她是否考虑过离开这家公司时，她的回答让我吃惊。"哦，不，拜托！我能处理好工作压力。一年中只有两、三个月压力真的很大。但我也需要和我的女儿一起面对。"伊迪丝是一位单亲妈妈，她和 15 岁的女儿艾达（Ada）之间的矛盾最终让她站在我面前。伊迪丝思考的问题很具体，工作就是工作，家就是家。"我的界限感很好。我不会把工作带回家。我走进家门，就把这整整一天抛在脑后。我看到水池里堆着盘子，而我的女儿在玩手机。我只想放松一下，但她这样让我很生气。"

我让伊迪丝带艾达一起来参加治疗。听她们一起讲，我就能窥见她们的思维模式。从 2 月下旬到 4 月中旬，她们重复着同样的争吵。伊迪丝回到家，扫视了一下现场就开始吼，让艾达分担点家务。艾达毫不客气地反击，控诉伊迪丝反应过度。"我在家干了这么多活儿！不要因为你的工作糟透了就来指责我！"但是伊迪丝否认她的工作是问题所在，并将她的暴躁归咎于艾达。"如果你照我说的做，我们就不会吵了！"她大喊道。

"如果你不像女巫一样，我们就不会吵了！"艾达回击道。

有时候我的工作很有挑战性，但这次不是这样。我们三个人很快就把问题找出来了。她们的冲突每次都在两人最暴躁的时候爆发。尽管伊迪丝尽了最大的努力，也难能可贵地设置了工作和家庭的界限，但事实上，她在磨人的生活中精疲力竭。对于一个完美主义者来说，看起来完美的房子会让她**感觉很好，很有必要**，所以当她踏进任何一片狼藉的空间时都会愤怒。事实证明，艾达的生活也很不容易。作为一个非常勤奋的妈妈的独生女，她在学校里也是很独立的好学生。在学校进行了一整天负责任的自我管理后，她觉得自己最不应该被人使唤。她想要彻底的自我空间，与外界割裂、疏离。

那天见面的最后时刻，她俩聚在一起，我们决定做一个简单的记录。我们使用了 1~10 分的易怒表，1 分代表完全冷静、满意，10 分代表高度易怒、疲惫不堪。伊迪丝需要学会在进家门之前给自己留出时间，诚实地评估自己的恼怒程度，这是她愿意接受的一项新任务。"你可以做到很好地把工作留在公司，但仍然会把一些负面的情绪带回家。"我告诉她，"如果你在农场工作，回家时你的身上就会有牛和泥土的味道。"伊迪丝回到家会这么说："嗨，艾达，我回来了。我现在感觉自己的易怒值有 7 分。我累瘫了。"艾达会回答："我知道了！我的易怒值是 2 分。我很开心，因为我完成了我的科学项目。"

我希望这种简单的分值表和两分钟的对话会为更长远的对话奠定基础。艾达也会因为关注自己的情绪和身体状态而受益。当她处于 8 分、9 分状态时，她需要做什么？能让伊迪丝知道吗？她如何在与她在乎的人保持连接的同时，与对她有用的东西保持连接呢？她们之间的交流不需要像艾达说的那样"全都是夸张的、情绪化的、令人毛骨悚然的"。我们找到了一种方法，练习如何更直接、更开放，这对这个即将踏入社会的优秀少女来说是一种很好的社交参考。当母女俩各自对自己的恼怒负责，不再归咎于对方时，争吵便会减少。

在本章和整本书中，我多次谈到需要归零重置、新生、远离那些惯常的模式。有时这个过程很快，如同几次缓慢的呼吸那么快；很简单，如同沐浴着日光漫步，又或者像一整晚安稳的睡眠那样沁人心脾。我们工作室的一个参与者贡献了一句口号"一点小空间让你优雅转身"。

呼吸、口号、漫步、交谈。讨论焦虑，不能不提自我关怀。我知道，"自我关怀"是最近被频繁使用的流行语，这使它变得毫无意义，因为它几乎可以用于任何事情。那么，到底什么是自我关怀呢？更重要的是，什么**不是**自我关怀呢？我们要做一个重要的区分，这也是我们会在最后一章解决的难题。

需要思考和记录的问题
如果你是易怒者的情绪接收端，你会是什么感觉？
你喜欢用什么方式来改变你的情绪？你的伴侣或孩子呢？
有些人把易怒当成他们的性格，并期待其他人能接受（"这就是我，去适应吧"）。你认识这样的人吗？
在什么场合你必须说"不"？你的界限设在哪里？
你将易怒归咎于他人或外在环境的可能性有多大？

THE

ANXIETY

AUDIT

第七章

———

自我关怀是如何出岔子的

负面思维:

自我关怀如何被"劫持",变

得完全不关心自我

Part 07

生活中大多数的阴霾归咎于我们挡住了自己的阳光。

——拉尔夫·沃尔多·爱默生

（Ralph Waldo Emerson）

什么是自我关怀？怎么定义？你听腻了吗？

前面的章节里全是自我关怀的建议。当你打断那些让你焦虑的模式时，你就是在关爱自己。当你不再忙碌时，当你把自己从重复性消极思维中解救出来时，当你采取行动承认你的易怒并努力摆脱它时，当你和伴侣要就家庭责任问题展开一场艰难的重要谈话时……这些都是自我关怀。另外，你做的许多具体的事情都能让人放松、焕发活力，或者富有成效，不管是画画、遛狗还是睡前读本小说。

当然，我觉得最让人放松和焕发活力的事情可能并不一定是你觉得最让人放松的事情。我记得多年前的一次女生周末，有几个朋友想在圣诞节大卖场逛逛。这简直就像用针戳我的眼睛。我当然去了，但我完全不感兴趣。你要明白什么适合你，这是很私人的事情。

但也不完全是。

讽刺的是，自我关怀并不只是关心你自己。事实上，把它称为自我关怀，是相当不准确的，因为它直接关系并影响到你身边的人。如果你不关心自己，别人就会因此付出代价。要么人们必须介入来照顾你（因为你没有自己照顾自己），要么人们错过了你必须提供但又无法提供的东西，因为你生病了、被榨干了、逃避了，或者没空。自我关怀有助于社交连接。如果自我关怀出了岔子，连接就会受到影响，甚至是严重的影响。

本章的目标之一是跳过那些关于自我关怀的显而易见的建议，我完全认同这些建议可靠、实用。我希望提供一些你自认为已经知道的、有趣的新信息，比如，睡眠和锻炼是如何影响你的情绪、思维和焦虑水平的。然后我会讲一下自我关怀是如何偏离正轨的；你的自我关怀计划的初衷是好的，但为什么不管用，甚至让你的生活更加焦虑或压力更大。在这里，我介绍几个焦虑的潜伏方式：

- 把"自我关怀"当作逃避的借口；
- 放任自我关怀行为变得僵化；
- 把自我药疗伪装或错误地理解为自我关怀。

是自我关怀还是自我药疗？
我为什么要在意？

我们所说的"自我药疗"是什么意思？它当然包括使用真正的药物和其他物品来让自己感觉更好，但更宽泛地说，它包括一切能提供即时逃避的东西。就像用拖延症来解决焦虑一样，当下的感觉是解脱了，但从长远来看只会增加问题。有的人用"自我药疗"这个词主要是用其积极的一面，把它视作采取行动关爱自己的行为。我不是这么理解的。我给两者做了一个明确的区分，以下是我的区分方式：当我在自我关怀时，我很少事后感到后悔或羞愧；然而，自我药疗往往会带来后悔。真正的自我关怀不会给你或你在乎的人带来负面影响，但自我药疗会。自我药疗感觉像是一种奖励，但并非真正的奖励。

在这个焦虑的世界里，我注意到这两者之间的区别越来越模糊、混乱。就像我在第一章中描述的反刍者把反刍伪装成要解决问题，我看到越来越多的人把自我药疗和自我关怀混为一谈。你可能正在做一些事情来缓解当下的焦虑或担忧，但随着时间的推移，这种短期内的消除或回避会让你的情况变得更糟。

任何物质或行为都可以用于自我药疗：麻痹、回避或把你的注意力从真正需要关注的东西上转移走。这种物质或行为可以是任何东西，比如酒精、巧克力、色情、彩票、锻炼等。我将重点介绍一些常见的方式，涉及自我关怀是如何迷失方向的，它们看似"尽全力"缓解焦虑，但实际上却加剧了我们的焦虑，有时甚至会带来毁灭性的后果。当你试图厘清自己的思维模式时，要问自己一个重要问题：**我是否在短期内通过药物或采取某种行为来逃避或消除我的感觉或担忧？从长远来看，它是否管用？**

睡眠、自我关怀和自我药疗：有点乱

"我从来没有过属于自己的时间。"34岁的利娅（Leah）说。她是一位单身母亲，有一对六岁的双胞胎，有一份全职工作，并积极参与当地的政治活动。她疲惫、易怒，经常失眠。即便真的达到了她的睡够七小时的目标，大多数时候，她还是觉得自己"像个僵尸"。医生给她开了处方药，让她按需服用，但是她断断续续地服药。"我有两个孩子。晚上我并不寂寞，"她说，"但有时候我很绝望。"

每天晚上，她都会在8点前哄双胞胎上床，然后一起阅读，或者依偎在一起，陪他们入睡。大约一个小时后她睡醒了，开始收拾房间，为第二天早上做准备。最后她抱着笔记本电脑爬上床，看会儿奈飞放松一下。她说："这是我对自

己的犒劳，这是独属于我的时间。"晚上 11 点左右，她关闭电脑，因为她知道第二天早上她必须在 5 点前起床，但她经常辗转反侧难以入眠，直到午夜。

利娅的故事很典型。她在一天结束时想要和应得的自我关怀听起来不错，但熬夜躺在床上看电子屏幕带来的短暂快乐，会给她造成长远的问题。看奈飞是在自我药疗吗？当然不是。但是，剥夺睡眠时间去获得独处的"奖励"适得其反。早上 5 点，闹铃响起，利亚后悔熬夜了。每当她对孩子暴躁，没法专心工作，她都发誓要解决这个问题。于是她去找医生，抱怨自己睡眠困难，拿着处方离开。服用安眠药（她和许多面临相同情况的人都选择这样做）成为自我药疗的一种方式。她会在其中加入咖啡因吗？很可能，她渴望的那杯咖啡就变成了她赢得的另一个"奖励"。啊，早上的第一杯咖啡！

我也看奈飞。当我的日程排得很满的时候，我也会迫不及待地想坐下来放松一下。我喜欢带咖啡因的咖啡。在我儿子小的时候，我为了独处也牺牲过睡眠时间。我想要独处，我想在独处的时候保持清醒。我告诉自己，这正是我所需要的，疲惫是我愿意为此付出的代价。我不止一次后悔过这种错误的思维方式，但后悔可能还不够。当我知道我要早起时，我是否还会熬夜？是的，但很少。我会更诚实地面对自己因此付出的代价和即将感受的遗憾。

让我来谈一下屏幕的事情。

在我儿子小的时候，我和丈夫会去租《黑道家族》（*The Sopranos*）电视剧的碟片，在电视机上连续看好几集，那是我们的"屏幕之夜"。我们熬到很晚，但这感觉就像是一种享受，直到太阳升起，我们年幼的儿子把我们叫醒。20 年后，人们抱着那些 LED 屏幕躺在床上，屏幕离眼球只有几英寸之隔，它正在扰乱我们大脑的原始回路。

人类的生活是由眼睛和大脑、明和暗之间的相互作用来调节的，这种作用强大而原始。我们遵循着昼夜节律，因为白昼和黑夜不断交替，这就是世界的运行方式。照射在视网膜上的光线会让我们的主睡眠时钟被重置；我们的眼睛和大脑中调节清醒和困倦的系统非常强大。夜晚的光线会干扰我们的睡眠、褪黑素的自然释放，以及我们在第二天早上的敏锐度。无论我们多么努力，都无法愚弄这些主要的运行系统。我们被设计成天明时醒来，天黑时入睡。

晚上使用智能手机会影响睡眠，但关于究竟是什么在起作用，仍存在一些争论。有一个原因是屏幕发出的蓝光，另一个原因可能是智能手机的娱乐性或相关的心理影响，或者二者兼有。对于减少蓝光的"夜间"模式是否会对昼夜节律系统产生重大影响，目前仍在研究中。2021 年，研究人员针对睡前使用手机的情况进行了调研，结果发现不止是蓝光的问题，它不是延迟睡眠的唯一因素。研究人员查德·詹森

（Chad Jensen）在接受采访时表示："虽然有很多证据表明蓝光会增加人们的警觉性，让人更难入睡，但其实重要的是，要考虑哪些刺激是光的作用，哪些是认知和心理作用。"

大部分关于剥夺睡眠和电子屏幕影响的研究都集中在年轻人身上。诸多研究表明，睡眠不足和电子屏幕之间存在明显的关系。卧室里的电子屏幕和晚上使用社交媒体都与青少年睡眠问题和抑郁症有相关性。拒绝基于这些显而易见的信息而采取行动，更凸显了它们的诱惑性。

这些行为对成年人没有影响吗？成年后有哪些习惯是你从少年时期开始一直保持的？你如何为这些习惯"辩护"，并允许你和你的家人被这些习惯紧紧拴住？如果它对你的孩子有害，你怎么能把它认定为自我关怀？

如果你的"自我关怀"真的是一种对自我关怀不足的弥补，那就不是自我关怀。充足的睡眠才是好的自我关怀。不让自己睡觉，并把它视为奖励，然后试图用药物来弥补睡眠不足，这是自我药疗。

如果你焦虑、易怒、压力大，总体感觉很糟，那么在你的自我关怀列表中，睡眠需要排在首位。研究表明，尽管我们尽全力说服自己缺乏睡眠很正当、合理，但是我们的大脑和身体需要充足的睡眠，如果睡眠不够我们就会很痛苦。1999 年，伊冯·哈里斯（Yvonne Harris）和詹姆斯·霍恩

（James Horne）主导的一项研究发现，即使只有一个晚上睡眠不足，大脑思维也会僵化，导致持续性错误，难以适应不断变化的信息或情形。还有研究表明，如果睡眠不足，我们会更缺乏同理心，对疼痛更敏感，甚至意识不到我们存在认知困难。就像一个蹒跚学步的婴儿因为需要午睡会闹腾、崩溃，我们却往往没有意识到疲倦带来的影响。

在第一章中，我谈到了焦虑和抑郁是如何扰乱睡眠的，并介绍了字母游戏，这是从重复性消极思维模式中解脱出来的首选。我还谈到了使用失眠认知行为疗法来解决失眠问题。如果你是借助自我药疗入睡，从而在第二天保持清醒，那么我强烈建议你把注意力集中在改变行为上。首先，审视一下你晚上对于电子产品的使用情况。你要知道，无论你为什么睡眠不足，结果都是一样的；无论你是想睡却睡不着，还是打着自我关怀的幌子刻意剥夺自己的睡眠，都会让你更焦虑。

用酒精和焦虑调制的鸡尾酒

17 岁的瑟琳娜（Serena）最近告诉我："我发现我妈妈最近在晚上时喝酒更多了，甚至工作日也是如此。"这几年，瑟琳娜因为焦虑一直在我这里看病，我也很了解她的父母。他们都在公共部门工作，工作要求很高，尤其是过去的几年，非常艰难。瑟琳娜的父母通常在吃晚餐时会喝葡萄酒，但瑟琳娜现在发现，妈妈下班后一回到家就会倒上一杯酒，晚上睡前至少还要喝两三杯。"她不是酒鬼，"瑟琳娜说，"但她上瘾了。那仿佛是她一天中最美好的时光。她说如果我去做她的工作，我也会需要酒。"

对于酒精，你怎么看？你和它是什么关系？我们的文化——我们身处的大文化，以及我们的家庭和社交网络形成的小文化——是如何接受它、热爱它，甚至对它产生敬畏的？如果我来自另一个星球，试图去理解这种叫作酒精的东西，我会很困惑。我就在地球上长大，我经常发现关于酒精的信息令人困惑和震惊。它是每个庆典、聚会或重要场合的一部分。它被广告宣传，被人迷恋、收藏，被美化，被仪式化。然而，很少有家庭能摆脱酒精带来的负面影响，有时甚至是悲剧化的后果，包括我的家庭。

我不想听起来太挑剔，但是客观地说，我可能有一点点挑剔，这是意料之中的，基于我是以此谋生，以及这本书和这一章所要探讨的内容。我的挑剔并不是针对某个人的；而是针对那种把酒精和其他药物宣扬为解决人们忙乱、焦虑问题的方式，而且认为它是重要的、最有效的。我在此的目标是帮助（也许是挑战）你区分自我关怀模式和自我药疗模式，在这个世界上，成瘾和有害物质是社交聚会不可分割的一部分，它们不仅被视为你需要的，而且被视为你**应得**的。

就像我所描述的许多焦虑的潜伏策略一样，这些物质吸引我们，因为它们能让我们立刻感觉更好。它们通常能在**短期**内明显缓解我们的焦虑和压力，正因如此，它们颇具吸引力。随着时间的推移，它们也因而具有极大的破坏性。这真的管用吗？

以"妈妈酒文化"为例，表情包、服装和 Etsy 商品经常用幽默、自嘲和对孩子的某种指责来为酒精正名，认为它是挺过艰难的一天的奖励。奖励？在过去的十年里，女性酒精使用障碍（AUD）比例增加了 84%，而男性才增加了 35%。2020 年 9 月，兰德公司发布的一项研究报告称，在疫情封控的前几个月，女性大量饮酒的次数（在几个小时内饮酒四杯及以上）激增 41%。研究人员得出结论："女性饮酒量的大幅增加令人担忧，与男性相比，女性会因此付出更多与酒精相关的健康代价。虽然对于两性而言，酒精成瘾的各个阶段，包括刚开始饮酒、持续饮酒和重新饮酒，都与压力密切相关，但对女性来说，压力因素尤为重要。"

我最近看到一则广告，将个性化的酒瓶标签作为教师礼物营销，这些标签是"用一张照片（**你的**孩子的照片，请注意！）和两行文字"定制的。广告语是"你的孩子可能是他们喝酒的原因，所以让他们知道你有多感激他们所做的一切，把**幽默轻松**的'你喝酒的原因'的个性化酒瓶标签贴在漂亮的葡萄酒酒瓶上！"

我不会片面地说喝酒不好，但我也绝不会把它列入自我关怀的清单。你现在可能想要罗列一下，在你的大家庭或熟人圈中，有多少人已经因为饮酒受到伤害，或饮酒对多少人产生了负面影响。如果你有焦虑或抑郁倾向，靠酒精来控制症状或情绪是很危险的。研究人员发现，自称用酒精进行自我药疗的焦虑人群更有可能产生酒精依赖。那些对酒精能减轻焦虑抱有更高期望的人的风险更大。我们必须承认酒精和焦虑的陷阱：一杯酒确实能够缓解一天的紧张情绪，但会给第二天增加很多麻烦。

最后，我们可以把睡眠纳入考虑。长期以来，研究表明，少量至中量的酒精最开始能有助睡眠，但是几天以后，这种"让你入睡"的效果就会消失。一开始你可能会更快入睡，但即便你只是少量饮酒或偶尔饮酒，酒精也会损害你保持睡眠的能力，扰乱必要的深度快速眼动睡眠。你会更快入睡，但你没法一直睡着，而且你睡着的那些时间也不会让你恢复元气。

把酒精当作一种奖励，以及社交中的重要组成部分，这种宣传无处不在。疫情也阻止不了，因为自我关怀和自我药疗、奖励和后悔之间的界限被模糊了。瑟琳娜的妈妈开始走下坡路，而瑟琳娜也逐渐发现了导致她长期纠结的思维模式。

简而言之，相信酒精能缓解焦虑或压力，并将其视为有益的方式，会带来多重难题。据报道，患有焦虑症的人通过饮酒来缓解焦虑，他们在三年内发展成酒精依赖的风险增加了五倍。思考你是如何使用酒精的，这很重要。如果你把它看作一种控制焦虑的方式，把它当作你的首选，那么你将面临很大的风险。

大麻二酚和焦虑

和酒精一样，大麻也是一种瘾品；与酒精不同的是，它被用于医学，治疗青光眼、癌症引起的恶心、疼痛和其他严重疾病，在这一领域，很多人都从中受益。它也成为许多人治疗焦虑和失眠的"首选药物"，被誉为没有副作用的解决之策，是一种没有风险的、能改善精神健康问题的选择。但事实果真如此吗？

基于研究人员的调查和结论，将大麻用于心理健康治疗的研究仍处于起步阶段。但你自身的情况如何？你如何以及为什么使用大麻？你如何区分它在你生活中的作用？这些都将受到我对于酒精的使用情况提出的相同问题的引导。我完全相信这些信息可能会令人困惑。你相信什么人、什么事，这在很大程度上受到你自身的偏见和经历的影响。让我给你提供一些信息来帮助你做决策吧。

首先，如今的大麻已经不是七八十年代的大麻了。20

世纪 90 年代之前，四氢大麻酚（THC，一种让人兴奋的精神活性物质）的含量还不到 2%。2017 年，大麻植物中的 THC 含量为 17%~28%。现在浓缩的 THC 产品，比如油和软糖的 THC 含量高达 95%。虽然研究发现浓度较低的四氢大麻酚和大麻二酚可以缓解焦虑，但高浓度的四氢大麻酚会导致严重焦虑，并引发其他精神方面的并发症。

这对年轻人的大脑尤其危险，过去几年，精神病发作和自杀的青少年越来越多。澳大利亚的一项研究对 1600 名女孩进行了长达七年的跟踪调查。调查发现，那些每周至少吸食一次大麻的人罹患抑郁症的概率是其他人的两倍，而每天吸食大麻的人罹患抑郁症和焦虑症的概率是不吸食者的五倍。

另一些研究表明，如果只是服用低剂量大麻，那些原本焦虑的人会变得不那么焦虑，但那些原本不焦虑的人只会变得愈发焦虑。关于如何使用以及何时使用大麻治疗焦虑，存在很大争议。在我个人的实践中，焦虑的患者告诉我他们产生了一系列的反应。有些人感受到难以置信的焦虑和偏执，并试图完全逃避（那些社交焦虑人士更倾向于酒精而非大麻）；还有的人在夜间服用大麻帮助他们入睡。我最担心的是那些每天都在服用它的人，他们相信大麻能让他们回归正常，远离焦虑。《多巴胺国度》（*Dopamine Nation*）的作者、医学博士安娜·兰布克（Anna Lembke）描述了这种想法的缺陷："任何像大麻那样刺激我们的奖励回路的药物都有可能改变我们大脑的基线焦虑。"大脑会依赖大麻，所以焦虑实际上是戒断，而大麻会缓解焦虑，这与酒精或阿片类等其他药物的情况类似。"大麻，"她写道，"变成了我们焦虑的原因，而不是治疗方法。"她建议用至少四周的戒断，来重置奖励回路。这段时间的戒断是必需的，用于确定焦虑的真正原因并进行相应的治疗。

我没有把药物的使用归入自我关怀的范畴。这并不意味着一般情况下，我把所有的使用都归入自我药疗的范畴。我知道有些人偶尔喝酒或抽烟是因为他们喜欢，仅此而已。尽情享受吧！只是不要试图说服我，认为服用药物对你或你的精神健康有益。

应对焦虑或抑郁已经够难了。如果再加上药物使用，只会让情形更糟。如果你需要通过外界的帮助来界定或解决你的药物使用难题，去寻求帮助吧！你并不孤单。

治疗焦虑的药物

人们经常向我咨询治疗焦虑的药物。很多人都很困惑，因为目前被归类为抗抑郁的药物（比如左洛复和百忧解）经常被开给焦虑症患者，在某些情形下，作为心理治疗的辅助药物，它们是相当管用的。对于这个话题的深入探讨超出了本书的范畴，但是因为这个话题与自我药疗相关，所以你应该了解一些常用的抗焦虑药物的重要信息，这类药物被称为苯二氮平类药物，俗称苯并类。

有趣的是，绝大多数服用苯二氮平类药物治疗焦虑的人都是按照医生的指示服用的，所以在很多情形下，"自我药疗"这个词并不完全准确。我在这里写下这些信息是因为开具苯二氮平类药物的药方和使用这一类药物至少可以说是有争议的，这是基于它们被频繁开具、长远看来在治疗焦虑上整体有效、长期服用的危害，以及最近美国食品和药物管理局（FDA）的声明和黑框警告。如果我们的目标是增强你的自我关怀，提升你更好地管理自我情绪的意识，那么我希望你能与时俱进，意识到这一点。这很重要，你、你的家人和朋友应该做出明智的决定，并全力支持你关爱自我。

苯二氮平类药物属于美国最常用的处方药，也是最常用的精神药物。数据显示，1996—2013年，服用苯并类药物的成年人增加了67%。在此期间，苯并类药物的处方总量增加了3.3倍，这意味着越来越多的人获得了更多的药物。近年来，这一趋势有所下降，但数值仍然很高。2019年，美国门诊药房大约开具了9200万张苯二氮平类药物处方。

这些药物可以有效地帮助人们缓解所谓的危机级焦虑。它们在短期用于严重症状或特定的引发焦虑的情况，比如帮助极度恐惧的乘客登上飞机去参加叔叔的葬礼。这些药物还有其他用途，包括治疗癫痫和其他运动障碍。在过去的几年里，人们越来越关注那些试图戒掉苯二氮平类药物的患者的经历。戒药反应通常很强烈，但过去一直被药物提供者忽视或最小化。此外，在开始使用这些药物时，患者一直没有获得充分的信息，即在正常使用后几周内可能产生药物依赖，并且必须非常小心地减少使用。即使按处方服用，短短几周后也可能产生药物依赖，停药会产生严重的戒药反应、反弹和焦虑，很难确定到底发生了什么。

2018 年以来的数据显示，估计有 50% 的口服苯二氮平类药物的患者接受了两个月或更长时间的治疗。医学博士史蒂文·赖特（Steven Wright）在 2021 年 7 月由美国食品和药物管理局和马戈利斯公爵卫生政策中心主办的信息网络研讨会上表示，80% 服用苯二氮平类药物的人服用了六个月以上，尽管没有证据显示这对他们的焦虑长期有益。越来越多的担忧促使美国食品和药物管理局于 2020 年 9 月发布了一则声明，宣布对这些药物做出更强硬的黑框警告：

为了解决滥用、成瘾、身体依赖和戒药反应的严重风险，美国食品和药物管理局要求更新所有苯二氮平类药物的黑框警告。

苯二氮平类药物被广泛用于许多疾病的治疗，包括焦虑、失眠和癫痫。**目前苯二氮平类药物的处方信息没有就这些药物的相关严重风险和危害提供**

足够的警告，因此可能会被不当开具和使用……我们发现，苯二氮平类药物在美国被滥用和误用，而且通常是长时间使用。

研究表明，成功**戒除**苯二氮平类药物会缓解它们本应治疗的焦虑。建议苯二氮平类药物**不要**用于焦虑的一线治疗是合理的。然而，这些药物仍然如此普遍地被应用，以至于即使我从事这一行 30 年，我仍然感到震惊。我们必须注意，我们试图缓解焦虑的努力有时会反而让我们更加焦虑。

当区分变得更棘手

某些物质很容易被归入自我药疗的范畴，我们能清楚地发现它们强大的成瘾 / 戒断周期是如何引发并加剧焦虑的。十几岁的少年可能会试图来说服我，整天吸大麻是他们获取成功的关键（相信我，很多人已经尝试过了），但我不信。父母会争辩，晚上喝酒好过焦虑地反刍，别的都不管用，但我一直以来都拒绝将其视为最好或唯一的解决办法。

我们做的那些对我们有益的事情呢？我们怎么知道自我关怀什么时候会走向自我药疗？这两种类别是否可以互相转化？是的，可以变化，如果你还记得我前面给出的定义，你就会意识到二者的区别：当我们自我关怀时，我们很少会感到后悔。这通常不是非黑即白、非此即彼的。调整是正常的，也是必需的，某个爱好、某种食物或活动会让你快乐、与人连接并为你赋能，但随后你会陷入自我药疗——经常性或偶尔——并变得愈发焦虑，这是很常见的。你该怎么判断？

- 当你事后感到后悔。
- 当你发现自己在做某个行为时越来越死板。
- 当你做某个行为的目标几乎完全是"让你不再感觉那么糟"，而不是让你焕发活力。

我们以运动为例。锻炼或体育活动绝对属于自我关怀的范畴。一直以来，研究人员发现运动有助于治疗焦虑和抑郁。大量研究表明，对于不同年龄、不同地区的人们，锻炼都有助于对抗焦虑和抑郁。2021 年瑞典的一项研究对近 40万名越野滑雪者进行了长达 21 年的跟踪调查，发现相比不滑雪的人，经常滑雪的人被诊断有焦虑症的相对风险要低62%。

在疫情之前和疫情期间评估身体活动率时，更多的活动与更好的情绪相关。这对任何人来说都不是新鲜事。如果我只能选择一件事，去强迫我那些焦虑的来访者去做从而帮助他们缓解症状的话，我会选择锻炼。

所以我们知道：运动对大脑、心脏、睡眠和情绪都很有益。但如果它变成加剧而非缓解焦虑的僵化模式或成瘾模式，它也可以被纳入自我药疗的范畴。

几年前，我曾与两位父母和他们的三个孩子一起进行咨询。关注点主要集中在其中一个孩子身上，但家里的每个人都有不同程度的焦虑。这位妈妈（凯莉，Carrie）是跑步运动员，她说跑步极大地缓解了她的焦虑。尽管有时会因为跑步错过家庭活动而后悔，或者因为自己对跑步的偏执激怒了伴侣，但她整体上不后悔跑步。她说跑步改善了她的情绪，让她变得更平静。这正是她所需要的。

这些我都理解，因为锻炼也是我选择用于自我关怀的方式。但我随后听到她的孩子们对她跑步的评价，这让我怀疑跑步是否像她说的那样使人"焕发活力"。"如果她没有坚持跑步就会彻底失控，"这位 13 岁的女儿在一次咨询中说道，"她跑完步之后好多了。跑之前就像囚禁在笼子里的动物一样走来走去。"

有一次，凯莉穿着运动服来接受治疗，她坚决地表示她不需要和女儿一起参加，因为她计划好了要去跑步，是时候帮助她区分什么是自我关怀，什么是成瘾的模式了。跑步绝对有助于缓解她的焦虑。她喜欢跑步的理由都是对的，包括社会关系。但她需要有人帮助她变得更灵活，这意味着她要把跑步视作重要的自我关怀，**并且在必要的时候适度调整**。锻炼的好处被她灾难化的、非黑即白的思维模式所扭曲。

"因为任何原因没法跑步"成了引发焦虑的紧急状况，因为她开始相信，只有跑步的时候她才不会感到焦虑。这意味着不跑步的时候，她都在担心什么会阻碍她的跑步。当我们观察她关于跑步的想法和行为是如何涵盖了七种焦虑负面思维模式的大部分模式时，她开始发现这些思维模式是如何出现在她生活中的其他方面的。

她是熟练的自我药疗者、出色的逃避者、灾难专家、专业的反刍者。相比她曾经用来让自己感觉更好的其他东西，比如把她不多的钱用来买衣服，跑步绝对是一个更好的选择。她开玩笑说，在路上奔跑比刷爆信用卡效果好得多。这是正确的。凯莉不想停止跑步，我甚至都没想过要建议她这么做。当她能够摆脱焦虑模式——那些绝对的、灾难化的、僵化的、回避的反应时，跑步将更多地转向自我关怀。

改变这些模式需要一个过程，但跑步现在帮助她缓解了焦虑，而非加剧焦虑。每错过一次跑步，她都能处理好，因为她的思维已经从"今天我必须跑步，否则我就会失去它"，转变为"跑步是我改善情绪的一种方式，需要长期的练习"。她不喜欢错过计划好的跑步，但现在她的反应不一样了。起初，她需要反反复复地提醒自己，尽管她的焦虑让她不愿相信这一点。练习越多，就会越容易做到。通过让自己更加灵活、增强适应能力，凯莉的思维反刍有所缓解，能更充分地

享受跑步的乐趣。

当一项活动——无论是跑步、喝酒、购物还是打扫卫生——成为一种主要逃避方式，甚至成为寻求暂时解脱的唯一方式，这意味着你的自我关怀已经变得过于死板、具有压迫性，并将引发焦虑。你是在犒劳自己，还是在**试图逃避面对自我**？或者与他人的周旋？自我关怀会增强你的人际交往能力。

怎么做

要灵活

有时候，自我关怀会被你自己和别人解读为自私，这很难平衡。总体而言，我认为在需要的时候保持适度的灵活性，这才是成功的自我关怀练习。自我药疗给人刻板、专注的感觉，这是焦虑的特质，我在第四章关于内心割裂的部分讲过。当凯莉想要跑步而不是参加家庭活动时，她的家人认为她是以自我为中心。她对跑步的需求优先于某项重要的家庭事务，我们都清楚，是焦虑和刻板导致她做出了这一决定。如果我在那次女生周末旅行中拒绝进入圣诞商店，我就会被认为是刻板的、难相处的人。尽管我不喜欢圣诞节的嘈杂，更不喜欢购物，但我还是顺从了朋友们去商店的意愿，因为我没有理由让自己变成一个固执的混蛋。在那种情形下，我并没有因为变得灵活而付出任何代价，我的朋友们也玩得很开心。那天晚些时候，我出去散了会儿步。

要果断

但是，过于灵活也不管用。自我关怀需要大声表达出来，确保你的自我关怀计划真实地达到了它应该实现的赋能效果，这恰恰是焦虑可能会搅局的地方。如果你和朋友出去吃饭，汤是凉的，或者服务员给你上错了菜，闷声不响地喝着凉汤并不是自我关怀。平时你一定要练习礼貌地为自己表达。如果你的同事打开窗户后，你冻僵了，却什么也不说（或者你明明冻僵了却说你很好），这也不是自我关怀。如果你很害羞，犹犹豫豫不想表达，那么让这一切中断的最重要的模式之一就是**否认这种不适**。

几年前，我决定去做一次足疗。这并不是我平时常做的事情，所以我感觉有点放纵。我想，**这对我来说是一件好事。放纵！** 一开始还好，那个小伙子很友好，对我的脚丫子的糟糕状况只字未提。但就在他开工的时候，金属锉刀从我的脚趾甲上滑了下来，我被划伤、流血。我缩了一下脚，然后跳了起来，他向我道歉，然后继续。但他还是有点粗暴。我的双脚紧绷着，他反复叮嘱我要放松，而我什么也没说。

接着他的锉刀戳中了我的脚后跟和跟腱，我的皮肤被撕裂了，开始流血。他又道歉了。我点点头，还是什么都没说。**你为什么不说话？** 我在内心问自己。我鄙视自己缺乏自信。**你是个成人，白痴。** 他做完了足疗。我付了钱，还留下了丰厚的小费，然后回家了。之后，我的脚后跟发生了感染。我现在想起来这件事还会觉得自己是个白痴，我依然会想我当初为什么会允许这样的事情发生。我想是因为那时候的我不想显得太粗鲁，我错误地认为自己当时只有两个选择，要么表现粗鲁，要么忍受疼痛（接着发生感染）。

果断不代表你不顾及他人，也不意味着你有资格不顾及他人。但女性经常觉得，她们必须牺牲果断来维系一段关系。在《谈判力》（*Women Don't Ask*）一书中，作者琳达·巴布科克（Linda Babcock）和萨拉·拉斯谢弗（Sara Laschever）探讨了女性在商业和个人生活中的谈判障碍。她们的研究表明，**女性不会主动提问**。她们在书中写道："对人际关系的关注在女性心中是如此重要，以至于她们很少认为她们的互动不具有人际关系的维度。"因此，女性回避谈判，避免提出自己的需要或要求，因为她们害怕关系被破坏。巴布科克和拉斯谢弗认为这是一个虚假的困境，是对可能性的限制。"相反，女性需要承认她们在谈判中几乎总是有双重目标——问题相关目标以及人际关系目标——而且她们需要同时达成这两个目标的方法。"

自从我的脚后跟感染后，我再没有做过足疗。我想我会再预约一次，这会是一个练习如何果断地进行自我关怀的机会。和你一样，我也在不断进步中。

最后，发现这七种负面思维模式并适度调整就是自我关怀

祝贺你。你已经完成了自我审视。你现在知道你潜在的焦虑模式是如何运作的了。你已经把它们从隐藏之处拽到了台面上。请记住这一点：我所描述的所有模式都是常规的、普遍的。承认这些模式的存在并努力改变会成为你进行全面自我关怀的最好办法，承认那些路线图，当焦虑和压力出现时——它们肯定会出现——你会因此做出更好的反应。但你不会再像以前那样捂着耳朵，闭上眼睛，大声地叫着"啦啦啦"。未被发现、未受约束、尚未暴露的焦虑才会成为阻碍。仅此而已。

没有终点线，或者一劳永逸；情绪管理和社会自我管理主要在于维系，持续地重置和重启。向前迈进，调整。每次做以下事情时，你都是在练习自我关怀：

- 通过将忧虑外部化（把它拎出来，给它起个名字），在你和忧虑之间创造一点空间，然后和你爱的人分享这个方法。
- 练习从重复性消极思维中解脱出来，允许这些想

法出现，承认这个习惯，然后把注意力转移到一些有趣的事情上，一些与你内心对话无关的事情，比如一座山、一只宠物，或一项团体活动。

- 重视你和他人的不同，同时摆脱绝对的、非黑即白的反应。

- 花时间和你喜欢的人在一起，感恩陪伴，在合适的时候选择独处。

- 尽量减少一心多用，摆脱需要一直忙碌、高效和目标导向的陷阱。

- 做一些好玩的事情。是的，**有趣**的事情。

- 你要认识到，持续的、一触即发的易怒是你从内到外陷入某些消极模式的信号。一些小的调整很重要，所以，去做些调整。

最重要的是，在最后，我要鼓励你分享美好的、混乱的、脆弱的你。这不会一直很顺利。对确定性和舒适感的需求使得焦虑躁动不休。让我们一起接受焦虑的萦绕——它会不满、会持续、可预测——并仍然选择干预和介入：当我们面对生活中的"可能"和"也许"踟蹰不定，不妨酣畅淋漓地去冒险、去欢笑。

简单化，去神秘化，建立社交连接。

需要思考和记录的问题
你在自我关怀和自我药疗方面做得如何（包括睡眠、电子屏幕使用时间、活动和药物使用）？
缺乏自我关怀是否影响到了你身边的人？自我药疗又如何呢？
关于自我药疗，你注意到了哪些社会 / 文化信息？
你最有可能回避的感觉或情绪是什么？你是如何做的？
你最骄傲的自我关怀是什么？还需要做什么小的调整吗？
在我描述的七种焦虑负面思维模式中，你现在认为哪一种对你来说影响最强？

致　谢

　　我写上一本书的时候，我的两个儿子才十几岁。当时，在我们家厨房的操作台上，书和稿纸堆成了山，我大部分的时间都在工作，我的丈夫和孩子对此很宽容。慢慢地，他们找到了一种方式，既能尽情地享受当下，又能低调不张扬。写这本书的时候，因为疫情，他们整天被困在家里，不管喜不喜欢，他们又被迫见证了一本新书的诞生，但这次，他们已经是更讨人喜欢的小伙子了。感谢我的丈夫 Crawford、我的儿子 Brackett 和 Zed。感谢你们在这本书的写作过程中给我带来的欢笑和爱。我是多么幸运，你们曾经陪伴着我，如今依然在我身边。

　　我的父母 Cathleen 和 Ed Gerwig 总是不断地鼓励我，我对他们的爱难以言表。他们的童年很艰难，今年他们将迎来结婚 60 周年纪念日，他们已经在有意识地改变，向子女和孙辈展示如何组建一个充满连接、承诺和爱的家庭。

　　我很幸运，有我的兄弟姐妹 Nancy、Ed 和 Robin 的陪伴。他们很风趣，是最棒的朋友，我很爱他们。他们的孩子也很优秀。Greens 一家让我们成了一个完整的大家庭。我们的家庭充满欢声笑语，但也有缺点和瑕疵。

Robin 是我在"Flusterclux"播客节目中的搭档，她很有胆识。在疫情最严重的时候，她提议创办播客，并开设了最初的"停下吧，焦虑"的课程。她鼓励我把这门课扩充成一本书。我一直非常欣赏她能将想法付诸实践的行动力。

Michael Yapko 是我的导师，也是我的朋友，他慷慨且智慧，一直给我提供源源不断的支持。30 多年来，他教会了我如何界定问题并提出解决方案。我对于思考"怎么办"、专注发现和传授重要技能的重要性的认识，都源于 Michael。他让我的生活有了翻天覆地的变化，我对他深表感激。

15 年前，Reid Wilson 邀请我和他合作写一本书。最后，我收获了比预期多得多的东西：两本书，以及我视为珍宝的长久的友谊。我从 Reid 那里学到了很多专业知识，我们的友谊对我来说就是整个世界。

我有很多很棒的"治疗师"朋友，他们为这本书贡献了精彩的语录、对话和帮助。感谢 Michele Weiner–Davis、Rick Miller、Jay Essif、Rachel Simmons、Lisa Ferentz 和 Jeffrey Zeig。

Christine Cook 一直在思考友谊应该是什么。她和我住在同一条街上。我希望你们每一个人的生活中都有一个 Christine。Karen Shepard 是我近 40 年的好友。我很崇拜她。

她是个真正的作家，才华横溢，所以当她告诉我我能够写完这本书时，我相信了她。40年来，Karen一直在为我加油、为我讲的笑话开怀大笑，并向我展示如何做到这一切。

感谢Allison Janse、Christian Blonshine，以及健康通信公司的团队，是你们的帮助让这本书得以面世，感谢我们多年的合作。

我还要一如既往地感谢那些愿意对我倾诉和分享的家庭，他们分享了他们的故事，也倾听了我的故事。出于隐私保护，我在本书中分享的故事在细节上有所改动，但其中的挣扎、情感、连接和成长都是真实的，这一切对我来说意义非凡。

作者简介

林恩·莱昂斯，执业独立临床社会工作者，也是一名心理治疗师，在成人和儿童焦虑症治疗领域有 30 年的从业经验，作为演说家和培训师，她就焦虑、焦虑对家庭的影响以及在家庭和学校采取预防措施的必要性进行了国际巡回演讲。

她尤为感兴趣的是打破焦虑的家庭代际循环，并著有许多关于焦虑的书籍和文章，其中包括与里德·威尔逊合著的《焦虑的孩子，焦虑的父母》（*Anxious Kids, Anxious Parents*），针对孩子的配套书《与焦虑玩耍》（*Playing with Anxiety*），以及获奖文章《与儿童一起催眠》（*Using Hypnosis with Children*）。

林恩是颇有人气的专家，曾接受《纽约时报》、《时代》周刊、美国国家公共电台、《今日心理学》《大西洋月刊》等诸多媒体的采访。她和罗宾·赫特森共同主持的播客节目"Flusterclux"备受欢迎。

目前，林恩和丈夫居住于美国新罕布什尔州，闲暇时间喜欢远足、骑自行车和散步。疫情期间，她的两个儿子曾回到家中，但现在他们正在大千世界里磨炼闯荡。